高等职业院校通识教育"十三五"规划教材

计算机应用基础实训教程

付金谋 黄爱梅 主编

Basic Training Course of
Computer Application

人民邮电出版社

北 京

图书在版编目（ＣＩＰ）数据

计算机应用基础实训教程 / 付金谋，黄爱梅主编
. -- 北京 ：人民邮电出版社，2016.9（2019.1重印）
高等职业院校通识教育"十三五"规划教材
ISBN 978-7-115-42752-6

Ⅰ. ①计… Ⅱ. ①付… ②黄… Ⅲ. ①电子计算机－
高等职业教育－教材 Ⅳ. ①TP3

中国版本图书馆CIP数据核字(2016)第180998号

内 容 提 要

本书内容以模块的方式进行编排，一个模块即一次实训课的作业量，方便老师在教学中编排授课计划。本书包含的内容有 Windows 操作、Word 操作、Excel 操作、PowerPoint 操作。考虑到高职学生进校时计算机水平参差不齐的情况以及各专业对计算机应用基础的要求不同，特在书中加入 Word 高级应用和 Excel 高级应用，供老师上课时选择使用。

本书可作为高等职业技术院校计算机应用基础课程的教学用书，也可作为全国计算机等级考试一级考证、成人继续教育、办公自动化培训等的教材以及计算机爱好者的自学用书。

◆ 主　　编　付金谋　黄爱梅
责任编辑　王亚娜
责任印制　焦志炜

◆ 人民邮电出版社出版发行　北京市丰台区成寿寺路 11 号
邮编 100164　电子邮件 315@ptpress.com.cn
网址 http://www.ptpress.com.cn
固安县铭成印刷有限公司印刷

◆ 开本：787×1092　1/16
印张：11　　　　　　　　　2016 年 9 月第 1 版
字数：288 千字　　　　　　2019 年 1 月河北第 6 次印刷

定价：28.00 元
读者服务热线：(010)81055256　印装质量热线：(010)81055316
反盗版热线：(010)81055315

《计算机应用基础实训教程》编委会

主　编：付金谋　黄爱梅

副主编：汪　婧　喻　瑷

参　编：陶绪洪　夏　昕　王　勇

前言

随着办公自动化在企事业单位的普及，Microsoft Office 的应用越来越广泛。目前，大多数高职院校均把"计算机应用基础"课作为必修课，可见该课程在高职院校人才培养中的重要性。在高职院校中一般开设该课程为一学期，周课时为四节，两节多媒体教学，加两节机房实训。为让教师在多媒体教学时有充足的例题可讲，学生在机房实训时有充足的作业可做，我们特编写本书，供老师上课和学生上机使用。

编写本书的作者长期从事计算机课程的教学，积累了丰富的实际教学经验，曾出版多部教材。编者曾在 2014 年编写了《MS Office 一级考证上机指导》一书，该书着重点在指导学生应对全国计算机等级考试一级 MS Office 考证，考虑到近年来一些高职院校逐渐淡化学生考证，注重学生实际操作能力，特在此基础上进行修改，增加了一些学生将来在实际工作中可能遇到的例子，更好地为学生后续的学习和将来的工作打下基础。

本书由付金谋担任主编，并负责全书的策划、制订、统稿、定稿。其中第一、二、六、七、十二模块由付金谋编写，第三、四、五模块由汪婧编写，第八、九、十、十一模块由黄爱梅编写，第十三、十四模块由喻瑷编写，此外陶绪洪、夏昕、王勇也参与了本书的部分编写工作。

本书在编写过程中得到院校领导和各部门领导大力支持，在此表示衷心感谢！

因编者水平有限，书中不妥及谬误之处在所难免，恳请同行和读者指正。

编　者
2016 年 7 月

目录

CONTENTS 目录

目录

一、实训内容

1. 创建文件夹、文件
2. 移动和复制文件夹、文件
3. 重命名文件
4. 搜索文件、文件夹
5. 删除文件、文件夹
6. 查看、更改文件和文件夹属性
7. 创建快捷方式

二、操作实例

1. 操作要求

将服务器上的"题库\模块一"文件夹，复制到本机中 F 盘。

（1）在"sck1"文件夹下找出文件名为"DAILY.DOC"的文件并将其隐藏。

（2）将"sck1"文件夹下"PHONE"文件夹中的文件"COMM.ADR"复制到"JOHN"文件夹中，并将该文件改名为"MARTH.DOC"。

（3）将"sck1"文件夹下"CASH"文件夹中的文件"MONEY.WRI"删除。

（4）在"sck1"文件夹下"BABY"文件夹中建立一个新文件夹"PRICE"。

（5）将"sck1"文件夹下"SMITH"文件夹中的文件"SON.BOK"移动到"FAX"文件夹中，并设置属性为只读。

（6）为"sck1"文件夹下"HANRY\GIRL"文件夹中的"ME.XLS"文件建立名为"MEKU"的快捷方式，并存放在"sck1"文件夹下。

2. 操作步骤

（1）在"sck1"文件夹下找出文件名为"DAILY.DOC"的文件并将其隐藏。

① 将服务器上的"题库\模块一"文件夹，复制到本机中 F 盘，打开"sck1"文件夹，如图 1-1 所示。

② 在查找框中输入需要搜索的文件名称"daily"，得到如图 1-2 所示的搜索结果。

③ 右击"DAILY.DOC"文件，选择"属性"，弹出"DAILY 属性"对话框，勾选"隐藏"复选框，单击"确定"按钮即可，如图 1-3 所示。

④ 在"sck1"文件夹窗口中，单击"组织"菜单，选择"文件夹和搜索选项"命令，在弹出的"文件夹选项"对话框中单击"查看"选项卡，滚动"高级设置"中的垂直滚动条，展开"隐藏文件和文件夹"，选中"不显示隐藏的文件、文件夹或驱动器"单选按钮，如图 1-4 所示。

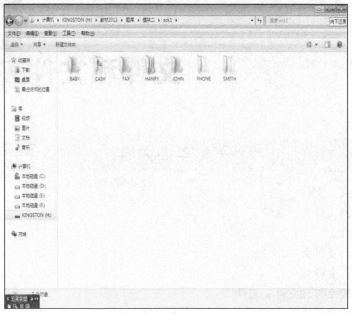

图 1-1 打开 "sck1" 文件夹

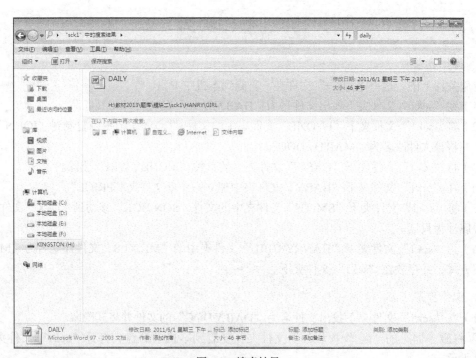

图 1-2 搜索结果

（2）将 "sck1" 文件夹下 "PHONE" 文件夹中的文件 "COMM.ADR" 复制到 "JOHN" 文件夹中，并将该文件改名为 "MARTH.DOC"。

① 打开 "PHONE" 文件夹，右击 "COMM.ADR" 文件，在快捷菜单中选择 "复制" 命令，如图 1-5 所示。

② 返回上一层目录，打开 "JOHN" 文件夹，在窗口空白处右击，在快捷菜单中选择 "粘贴" 即可。

移动、复制、重命名文件和文件夹

图 1-3 "DAILY 属性"对话框

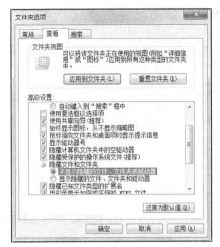

图 1-4 "文件夹选项"对话框

搜索文件或文件夹

图 1-5 "复制"操作窗口

③ 在"JOHN"文件夹窗口中,右击"COMM.ADR"文件,在快捷菜单中单击"重命名"命令,更改文件的名字为"MARTH.DOC",此时会弹出一个"重命名"警示框,在警示框中单击"是"即可,如图 1-6 所示。

(3)将"sck1"文件夹下"CASH"文件夹中的文件"MONEY.WRI"删除。

打开"CASH"文件夹,右击"MONEY.WRI"文件,选择"删除",在弹出的"删除文件"对话框中,单击"是",如图 1-7 所示。

(4)在"sck1"文件夹下"BABY"文件夹中建立一个新文件夹"PRICE"。

① 打开"BABY"文件夹,在窗口空白处右击鼠标,在快捷菜单中选择"新建",在子菜单中单击"文件夹"命令,如图 1-8 所示。

② 右击"新建文件夹"文件夹,选择"重命名",输入"PRICE",如图 1-9 所示。

(5)将"sck1"文件夹下"SMITH"文件夹中的文件"SON.BOK"移动到"FAX"文件夹中,并设置属性为只读。

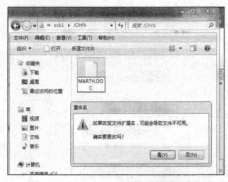

图 1-6 "重命名"对话框

图 1-7 "删除文件"对话框

图 1-8 新建文件夹

① 打开"SMITH"文件夹，右击"SON.BOK"文件，在快捷菜单中选择"剪切"命令，如图 1-10 所示。

图 1-9 "重命名"操作窗口

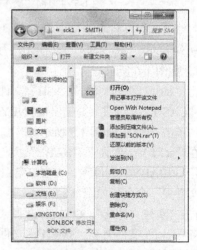

图 1-10 剪切文件

② 返回上一层目录，打开"FAX"文件夹，在窗口空白处右击，在快捷菜单中单击"粘贴"，如图 1-11 所示。

设置文件和文件夹
属性

③ 右击"FAX"文件夹中的"SON.BOK"文件，在快捷菜单中选择"属性"，弹出"SON.BOK 属性"对话框，勾选"只读"复选框，单击"确定"即可，如图 1-12 所示。

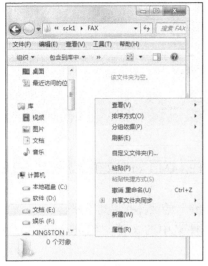

图 1-11 "粘贴"操作窗口

图 1-12 "SON.BOK 属性"对话框

（6）为"sck1"文件夹下"HANRY\GIRL"文件夹中的"ME.XLS"文件建立名为"MEKU"的快捷方式，并存放在"sck1"文件夹下。

①打开"sck1\HANRY\GIRL"文件夹的窗口，右击"ME.XLS"文件，在快捷菜单中选择"创建快捷方式"，得到文件"ME.XLS"的快捷方式文件，如图 1-13 所示。

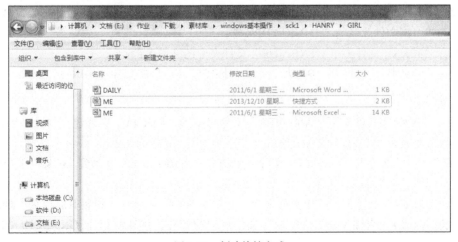

图 1-13 创建快捷方式

② 右击快捷方式文件"ME"，在菜单中选择"重命名"，将快捷方式文件更名为"MEKU"。

③ 右击快捷方式文件"MEKU"，单击"剪切"，返回到文件夹"sck1"窗口，在空白处右击，在快捷菜单中选择"粘贴"即可，如图 1-14 所示。

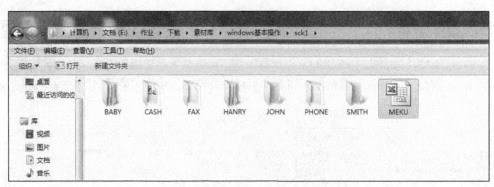

图 1-14　粘贴快捷方式文件"MEKU"

三、上机练习

上机练习 1

（1）为"SCK2"文件夹下"TEEN"文件夹中的"WEXAM.TXT"文件建立名为"KOLF"的快捷方式，并存放在"SCK2"下。

（2）在"SCK2"文件夹下找出文件名为"SENSE.BMP"的文件并将其隐藏。

（3）将"SCK2"文件夹下"POWER\FIELD"文件夹中的文件"COPY.WPS"复制到"SCK1\DRIVE"文件夹中。

（4）在"SCK2"文件夹下"SWAN"文件夹中建立一个新文件夹"NFY"。

（5）将"SCK2"文件夹下"POWER\FIELD"文件夹中的文件"COPY.WPS"删除。

上机练习 2

（1）在"SCK3"文件夹下建立名为"HYUK"的文件夹，设置其属性为只读。

（2）将"SCK3"文件夹下"CHALEE"文件夹移动到"SCK2"下"AUTUMN"文件夹中，并改名为"WRTY"。

（3）将"SCK3"文件夹下"GATS\IOS"文件夹中的文件"JEEN.BAK"移动到"SCK2\BROWN"文件夹中，并将该文件改名为"TUYXM.BPX"。

（4）将"SCK3"文件夹下"FXP\VUE"文件夹中的文件全部删除。

（5）在"SCK3"文件夹下"BROWN"文件夹中建立一个新文件"ENJOY.DOC"。

上机练习 3

（1）为"SCK4"文件夹下"ANSWER"文件夹中的"CHINA"文件建立名为"YUKT"的快捷方式，并存放在"SCK4"文件夹下。

（2）将"SCK4"文件夹下"CHILD"文件夹中的文件"GIRL.TXT"移动到"SCK3"下"STUDY"文件夹中。

（3）在"SCK4"文件夹下找出文件名为"SPELL.BAS"的文件，设置其属性为存档。

（4）将"SCK4"文件夹下"WEAR"文件夹中的所有文件复制到"SCK3\SCHOOL"文件夹中。

（5）将"SCK4"文件夹下"WEAR"文件夹中的文件"WORK.WER"删除。

上机练习 4

（1）将"SCK5"文件夹下"BANG\DEEP"文件夹中的文件"WIDE.BAS"设置为隐藏属性。

（2）将"SCK5"文件夹下"KILL"文件夹中的文件"SCAN.IFX"移动到"SCK4\SLASH"文件夹中，并将该文件改名为"MATH.KIP"。

（3）将"SCK5"文件夹下"DILEI"文件夹中的文件"BOMP.SND"删除。

（4）在"SCK5"文件夹下"QIANG"文件夹中建立一个新文件夹"XTYU"。

（5）将"SCK5"文件夹下"WIN992"文件夹中的文件"OPS.TEST"复制到"SCK4\QIANG\XTYU"文件夹中。

上机练习 5

（1）在"SCK6"文件夹下找出文件名为"DAILY.DOC"的文件并将其隐藏。

（2）将"SCK6"文件夹下"HULAG"文件夹中的文件"HERBS.FOR"重命名为"COMPUTER.OBJ"。

（3）将"SCK6"文件夹下"FOOTHAO"文件夹中的文件"BAOJIAN.C"删除。

（4）在"SCK6"文件夹下"PEFORM"文件夹中新建一个文件夹"SHIRT"。

（5）将"SCK6"文件夹下"CENTER"文件夹中的文件"DENGJI.BAK"设置为只读和隐藏属性。

（6）将"SCK6"文件夹下"ZOOM"文件夹中的文件"HEGAD.EXE"复制到同一文件夹中，并命名为"DKUH.OLP"。

模块二
控制面板、常用附件的操作

一、实训内容

1. 操作控制面板
2. 操作计算器、画图、记事本等附件

二、操作实例

1. 操作要求

（1）打开"控制面板"窗口，查看系统属性，注意观察所用电脑安装的操作系统的版本号以及 CPU 型号、主频、内存大小等。

（2）打开"设备管理器"窗口，查看安装在计算机上的所有硬件设备。

（3）打开"鼠标 属性"窗口，调整鼠标双击速度，改变鼠标左右键功能。注意观察调整前后的变化。

（4）设置"屏幕保护程序"为"彩带"，等待时间设置为 1 分钟，桌面背景设置为"9.jpg"图片。

（5）设置显示器的分辨率为"1440×900"像素，观察调整前后的变化。

（6）使用"计算器"应用程序，把十六进制数 6BE 分别转换成二进制、八进制和十进制数值。

（7）对"控制面板"→"系统"窗口进行截图，复制图像信息到画图程序的绘图窗口中，以文件名"PICTURE.jpg"保存到 F 盘上。

（8）打开"记事本"程序窗口，输入一段文字，以你的学号为文件名进行命名后，保存到F 盘。

（9）打开"画图"程序窗口，绘制一幅图画，并对该图片进行翻转或旋转、拉伸或扭曲等操作。

2. 操作步骤

（1）右击桌面"计算机"图标，在弹出的菜单中单击"控制面板"命令，弹出如图 2-1 所示的"所有控制面板项"窗口，单击"系统"图标，弹出如图 2-2 所示的"系统"窗口（也可直接右击"计算机"图标，在弹出的菜单中单击"属性"命令），在窗口中可直接查看操作系统的版本号以及 CPU 型号、主频、内存大小等。

（2）在"系统"窗口中单击"设备管理器"选项，在弹出的"设备管理器"窗口中可查看安装在计算机上的所有硬件设备，如图 2-3 所示。

（3）在"控制面板"窗口中，单击"鼠标"图标，在弹出的"鼠标 属性"对话框的"鼠标键"选项卡中调整双击速度，单击"确定"按钮，如图 2-4 所示。

图 2-1　控制面板窗口

图 2-2　"系统"窗口

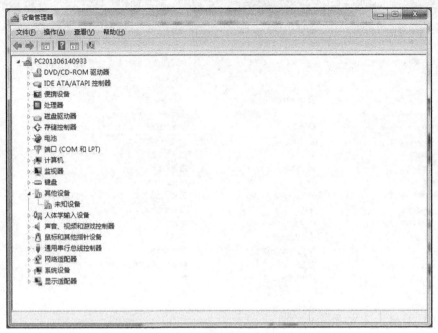

图 2-3　"设备管理器"窗口

（4）在"控制面板"窗口中，单击"个性化"图标，在弹出的"个性化"窗口中单击"屏幕保护程序"图标，在"屏幕保护程序设置"对话框中选择"彩带"为屏幕保护程序，等待时间设置为 1 分钟，如图 2-5、图 2-6 所示。

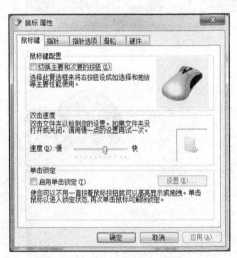

图 2-4　"鼠标 属性"对话框

图 2-5　"个性化"窗口

在"个性化"窗口中单击"桌面背景"图标，在弹出的"桌面背景"窗口中选择图片"9.jpg"作为背景图片，单击"保存修改"按钮即可，如图 2-7 所示。

（5）在"控制面板"窗口中，单击"显示"图标，在弹出的"显示"窗口中单击"调整分辨率"选项，在"屏幕分辨率"窗口中设置分辨率为"1440×900"，单击"确定"按钮即可，如图 2-8 所示。

图 2-6 "屏幕保护程序设置"对话框

图 2-7 "桌面背景"窗口

图 2-8 "屏幕分辨率"窗口

（6）单击"开始"→"所有程序"→"附件"→"计算器"，弹出如图 2-9 所示的"计算器"窗口。

图 2-9 "计算器"窗口

单击"查看"选项卡，选择"程序员"选项，在窗口中点击"十六进制"单选按钮，输入"6BE"，分别点击"二进制"、"八进制"、"十进制"单选按钮，即可得到相应的换算结果，如

图 2-10 所示。

图 2-10　换算结果

（7）打开"控制面板"→"系统"窗口，如图 2-11 所示。按住 Alt+Print Screen 键即可完成复制；然后依次单击"开始"→"所有程序"→"附件"→"画图"，在"画图"窗口中空白处右击，在弹出的菜单中选择"粘贴"，如图 2-12 所示。

图 2-11　"系统"窗口

图 2-12　"画图"窗口

单击"画图"窗口中的 ▓▓ 按钮，在下拉菜单中单击"保存"，如图 2-13 所示。在弹出的对话框中选择保存位置为 E 盘，在"文件名"框中输入文件名"PICTURE.jpg"，保存类型选择"JPEG"，单击"保存"即可，如图 2-14 所示。

图 2-13　选择"保存"命令

图 2-14　"保存为"对话框

（8）依次单击"开始"→"所有程序"→"附件"→"记事本"，在窗口中输入相应的文字，如图 2-15 所示。下拉"文件"菜单，点击"保存"命令，在弹出的对话框中，选择保存路径为 E 盘，在"文件名"框中输入学号，单击"保存"即可，如图 2-16 所示。

图 2-15　"记事本"窗口

图 2-16　"另存为"对话框

（9）依次单击"开始"→"所有程序"→"附件"→"画图"，简单绘制一幅图画，填充相应颜色，如图 2-17 所示。

单击"主页"选项卡，在"图像"选项组中单击"旋转"按钮，在下拉列表中选择"向右旋转 90 度"，得到如图 2-18 所示的图形。

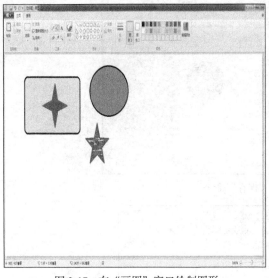

图 2-17　在"画图"窗口绘制图形

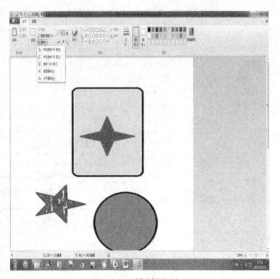

图 2-18　旋转图形

三、上机练习

上机练习 1
用"计算器"应用程序，把十进制数 5678 转换成二进制、八进制和十六进制。

上机练习 2
查看上机电脑安装的操作系统的版本号、CPU 型号、主频、内存大小。

上机练习 3
设置显示器的分辨率为"1366×768"像素，方向为"横向"。观察调整前后的变化。

上机练习 4
屏幕保护程序设置为"三维文字"，内容自定，等待时间设置为 1 分钟，桌面背景设置为"2.JPG"图片。

上机练习 5
打开"鼠标 属性"窗口，调慢鼠标双击速度，改变指针类型。

一、实训内容

1. 文档的基本操作

（1）新建文档

（2）保存文档

（3）打开文档

（4）关闭文档

2. 文档的编辑操作

（1）文本的复制

（2）文本的移动

（3）文本的删除

（4）文本的查找与替换

（5）撤销与重复操作

（6）拼写和语法检查

3. 文档的基本排版操作

（1）字符格式设置

（2）段落格式设置

（3）项目符号与编号

二、操作实例

实例 I

1. 操作要求

（1）新建一个 Word 空白文档。

（2）输入下面内容，要求日期和时间为电脑当前的日期和时间，并设置日期和时间为"自动更新"。

亲爱的晶晶：你好！

听说你对文学感兴趣。特传给你一本《朱自清名作欣赏》，其中的《荷塘月色》《春》等文章都是散文经典。希望对你有所帮助！

有空常联系。☎Tel：6354121；✉Email：ZL_1213@163.com。

纸短情长，再祈珍重！

琳琳

2016 年 6 月 20 日 9 时 13 分 16 秒

（3）将"纸短情长，再祈珍重！"与上一行互换。

（4）将第 3 段与第 4 段合并为一段。

（5）将文中所有的"你"替换为"您"。

（6）以"给晶晶的一封信.docx"为文件名保存至"F：\姓名文件夹"。

2. 涉及内容

（1）新建文档，保存文档。

（2）符号、日期和时间的插入。

（3）文本的编辑。

（4）查找与替换。

3. 操作步骤：

（1）新建空白文档：打开 Word 2010，单击"文件"选项卡→"新建"选项→"可用模板"→"空白文档"，单击"创建"按钮，即新建了一个空白文档，或者在 Word 窗口中，按 Ctrl+N 键，如图 3-1 所示。

图 3-1　新建空白文档

（2）键盘输入普通文本：光标定位在文档开始处，在"插入"状态下输入文字，内容输满一行后会自动换行，如需另起一段，按回车（Enter）键，如果输入错误则按退格（Backspace）键删除光标前面的字符，按 Delete 键删除光标后面的字符。光标的移动可以使用上、下、左、右方向键或直接左键单击。

（3）特殊符号"☎"、"▭"的输入：单击"插入"选项卡→"符号"选项组→"符号"按钮→"其他符号"命令，打开"符号"对话框，在字体下拉列表中选择"Wingdings"，单击要插入的符号，单击"插入"按钮，再单击"关闭"按钮，如图 3-2 所示。

（4）日期和时间的插入：单击"插入"选项卡→"文本"选项组→"日期和时间"按钮，打开"日期和时间"对话框，在"语言（国家/地区）"中选择"中文（中国）"，单击需要插入的日期格式，勾选"自动更新"项，单击"确定"按钮，按照此方式再次插入时间即可，如图 3-3 所示。

（5）移动文字：用鼠标选定"纸短情长，再祈珍重！"一行，单击"开始"选项卡→"剪贴板"选项组→"剪切"按钮，或者在选定的文本上右击鼠标，在快捷菜单中选择"剪切"命令（或者按 Ctrl+X 键），光标定位在"有空常联系……"一行最前面，按 Ctrl+V 键粘贴或者右击鼠标，在快捷菜单中选择"粘贴"命令。

图3-2 "符号"对话框

图3-3 "日期和时间"对话框

（6）合并段落：单击第3段（"纸短情长，再祈珍重!"）段尾处，按 Delete 键删除回车符即可合并第4段。

（7）查找与替换文字：将光标置于文档开始之处，单击"开始"选项卡→"编辑"选项组→"替换"按钮（或者按 Ctrl+H 键），打开"查找和替换"对话框的"替换"选项卡，在"查找内容"框中输入"你"，"替换为"框中输入"您"，单击"全部替换"按钮完成替换，如图3-4所示。

图3-4 "替换"选项卡设置

（8）保存文档：单击"文件"选项卡→"保存"命令，打开"另存为"对话框，在对话框中选择文件保存位置为"F:\姓名文件夹"，"文件名"框输入"给晶晶的一封信"，"保存类型"设置为"Word 文档"，单击"保存"按钮，如图3-5所示。

图3-5 "另存为"对话框

实例 Ⅱ

1．操作要求

（1）新建 Word 空白文档，插入"题库\模块三\例题\3-2.docx"，文件保存名为"例题 3-2 效果.docx"，保存在"F:\姓名文件夹"。

（2）将"题库\模块三\例题\3-2A.docx"文档内容复制到"例题\3-2.docx"文档的后面，并要求另起一段落。

（3）将文档中所有的"机器"替换成"计算机"，并给"计算机"添加着重号，字体加粗，颜色为红色。

（4）检查英文中的单词拼写错误，并根据情况加以改正或忽略。

（5）将标题文字设置为隶书，字号为小一。正文各段落（含英文段落）中文设置为楷体，英文设置为 Arial Black 字体，字号为 11 磅。

（6）设置标题段居中对齐。正文 1～3 段（指中文段落）设置首行缩进 2 字符。英文各段落设置左右各缩进 0.5 厘米。

（7）为英文段落设置项目符号"√"。

2．涉及内容

（1）文档的插入。

（2）文档的保存。

（3）文档内容的复制。

（4）查找与替换。

（5）字符格式的设置。

（6）段落格式的设置。

（7）项目符号的添加

3．操作步骤

（1）新建文档：在 Word 窗口中按 Ctrl+N 键新建空白文档。

（2）插入文档与保存文档：单击"插入"选项卡→"文本"选项组→"对象"下拉按钮→"文件中的文字"，弹出"插入文件"对话框，在对话框中找到"3-2.docx"文件并选中它，单击"插入"按钮，如图 3-6 所示。按 Ctrl+S 键弹出"另存为"对话框，如图 3-5 所示，在对话框中设置文件保存位置及文件名，单击"保存"按钮。

图 3-6 "插入文件"对话框

（3）复制文档内容：单击"文件"选项卡→"打开"命令（或按 Ctrl+O 键），在弹出的"打开"对话框中，按路径位置找到"3-2A.docx"文件，单击选中该文件，单击"打开"按钮，如图 3-7 所示。文档打开后，单击"开始"选项卡→"编辑"选项组→"选择"按钮→"全选"命令（或者按 Ctrl+A 键），全部内容呈高亮度显示，单击"开始"选项卡→"剪贴板"选项组→"复制"按钮（或者按 Ctrl+C 键），然后将光标定位在录入的文档内容末尾处，按 Enter 键另起一段，再单击"开始"选项卡→"剪贴板"选项组→"粘贴"按钮（或者按 Ctrl+V 键），即可完成文档内容的复制操作。

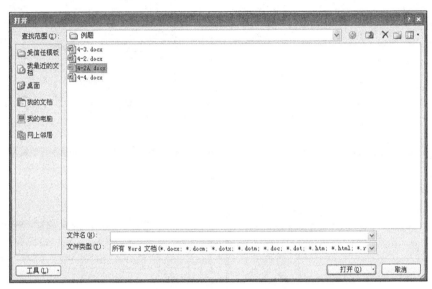

图 3-7 "打开"对话框

（4）查找和替换：单击"开始"选项卡→"编辑"选项组→"替换"按钮，打开"查找和替换"对话框，在"替换"选项卡的"查找内容"框中输入"机器"，"替换为"框中输入"计算机"，如图 3-8 所示，单击对话框中的"更多"按钮，出现如图 3-9 所示的对话框，在其中的"搜索选项"中设置"搜索"为"全部"，单击"替换为"框，再单击"格式"按钮中的"字体"命令，打开"替换字体"对话框，在"字形"处选择"加粗"，"字体颜色"下拉列表中选择"标准色"中的"红色"，在"着重号"中选择"·"，如图 3-10 所示，单击"确定"按钮后对话框如图 3-11 所示，然后单击"全部替换"按钮，弹出如图 3-12 所示的对话框，单击"确定"按钮完成替换。

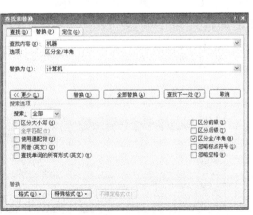

图 3-8 "替换"选项卡　　　　　　　　　　图 3-9 "更多"设置

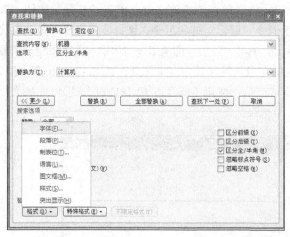
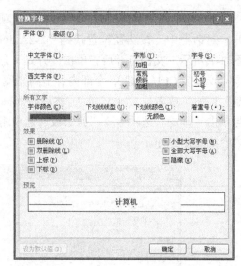

图 3-10 "替换字体"格式设置

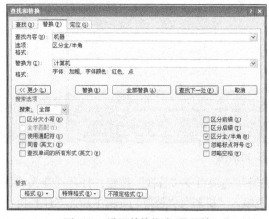

图 3-11 设置替换格式后对话框　　　　　图 3-12 替换成功后对话框

（5）拼写和语法错误检查：方法一，鼠标右键单击（简称右击）带有红色或绿色波浪线的单词，在弹出的快捷菜单中单击正确的单词，没有错误则单击"忽略"。方法二，单击"审阅"选项卡→"校对"选项组→"拼写和语法"按钮，弹出"拼写和语法"对话框（见图 3-13），在对话框的"建议"框中选择正确单词，单击"更改"按钮，如果没有错误则单击"忽略了一次"按钮，检查完成后，弹出如图 3-14 所示对话框，单击"确定"。

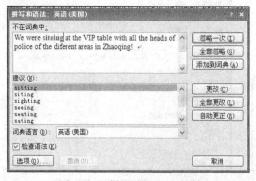

图 3-13 "拼写和语法"对话框　　　　　图 3-14 检查完成后对话框

（6）选定标题文字（"计算机翻译系统"），在选定的文本上右击，在弹出的快捷菜单中单击"字体"命令，弹出"字体"对话框，如图3-15所示。在"字体"选项卡的"中文字体"中选择"隶书"，"字号"中选择"小一"，单击"确定"按钮。选定正文段落（"计算机翻译……listen and learn."），按 Ctrl+D 键打开"字体"对话框，如图3-16所示，在字体选项卡的"中文字体"中选择"楷体_GB2312"，"西文字体"中选择"Arial Black"，"字号"列表中单击选择"11"或直接输入"11"，单击"确定"按钮。

图3-15 "字体"对话框

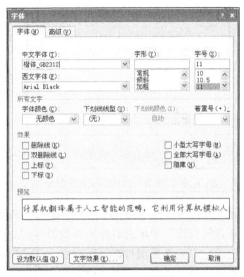

图3-16 正文字体格式设置

（7）光标移至标题段，单击"开始"→"段落"选项组→"居中"对齐按钮，如图3-17所示，设置后如图3-18所示。右击正文第1段任意位置，在弹出的快捷菜单中单击"段落"命令，弹出"段落"对话框，在"缩进和间距"选项卡"缩进"组的"特殊格式"下拉列表中选择"首行缩进"，设置"磅值"为"2字符"，如图3-19所示，单击"确定"按钮。选定正文中两段英文，单击"开始"选项卡→"段落"选项组右下角的对话框启动器，弹出"段落"对话框，在"缩进和间距"选项卡"缩进"组的"左侧""右侧"框中分别输入值"0.5厘米"，如图3-20所示，单击"确定"按钮，效果如图3-21所示。

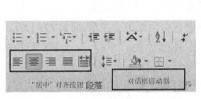

图3-17 "段落"选项组对齐按钮

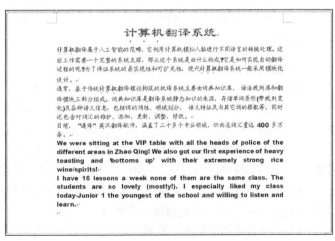

图3-18 标题设置居中对齐后效果

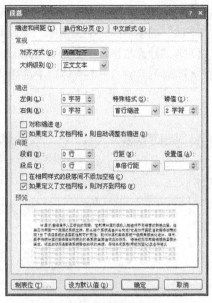

图 3-19 "段落"对话框设置首行缩进

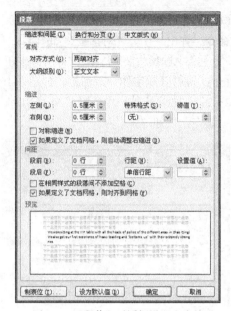

图 3-20 "段落"对话框设置左右缩进

（8）鼠标拖动选取英文段落，在选定的文本上右击，在快捷菜单中选择"项目符号"，在弹出的"项目符号库"中单击需要插入的符号"√"，完成后如图 3-22 所示。提示：如果符号不在库中，则单击"定义新项目符号"命令，在弹出的对话框中单击"符号"按钮，在"字体"下拉列表中更换字体，单击选定需要设置的项目符号，再单击"确定"按钮逐一关闭对话框即可。

图 3-21 段落设置缩进后效果

图 3-22 段落设置项目符号后效果

实例Ⅲ

1．操作要求

（1）打开"题库\模块三\例题\3-3.docx"，文件另存为"散文欣赏—春.docx"。

（2）标题"春"设置为幼圆，二号，文本效果为"填充-橄榄色，强调文字颜色 3，轮廓-文本 2"，加菱形圈，增大圈号；正文第 1 段（"盼望着……近了"）文字字符间距设置为加宽 3 磅。

（3）标题段落居中对齐，设置段后间距为 10 磅；正文所有段落段前、段后间距均为 0.5 行；正文倒数第 4 段设置悬挂缩进 2 字符，行距为 1.8 倍，其余正文各段落设置首行缩进 2 字符，行距为 18 磅。

（4）正文中的第 1 个"春天"设置为四号，加粗并倾斜，字体颜色为"水绿色，强调文字颜色 5，淡色 40%"，添加红色双波浪下划线。

（5）利用格式刷复制第 1 段的"春天"格式到最后 3 段的"春天"。

（6）正文最后 3 段加项目符号"◇"。

（7）保存文件，文件名不变。

2. 涉及内容

（1）文档的打开与保存。

（2）字符格式的设置。

（3）段落格式的设置。

（4）项目符号的添加。

（5）格式刷的使用。

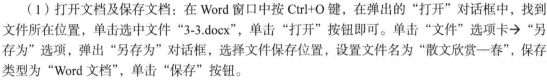
设置字体格式

3. 操作步骤

（1）打开文档及保存文档：在 Word 窗口中按 Ctrl+O 键，在弹出的"打开"对话框中，找到文件所在位置，单击选中文件"3-3.docx"，单击"打开"按钮即可。单击"文件"选项卡→"另存为"选项，弹出"另存为"对话框，选择文件保存位置，设置文件名为"散文欣赏—春"，保存类型为"Word 文档"，单击"保存"按钮。

（2）字符格式设置：①选定标题文字"春"，在"开始"选项卡→"字体"选项组中按图 3-23 所示设置字体、字号；②单击"字体"选项组的"文本效果"按钮，弹出如图 3-24 所示的下拉菜单，单击选择第 1 行第 5 列的效果；③单击"字体"选项组的"带圈字符"按钮，弹出如图 3-25 所示对话框，在"样式"中选择"增大圈号"，"圈号"中选择"菱形"，单击"确定"，完成后如图 3-26 所示；④选定正文第 1 段（鼠标左键三击该段落），按 Ctrl+D 键，弹出"字体"对话框，单击"高级"选项卡，按图 3-27 所示设置间距加宽 3 磅，单击"确定"即可，完成后效果如图 3-28 所示。

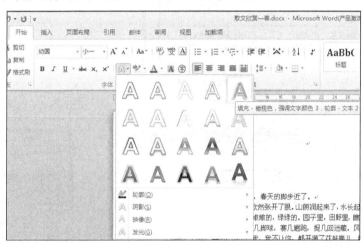

图 3-23 "字体"选项组中
字体、字号设置

图 3-24 文本效果设置

（3）段落格式设置：①选定标题段，单击"开始"选项卡 → "段落"选项组右下角的对话框启动器，弹出"段落"对话框，按图 3-29 所示设置对齐方式及段后间距。②选定正文各段落，按①中方法打开"段落"对话框，按图 3-30 所示设置段前、段后间距。③光标移至倒数第 4 段，按①中方法打开"段落"对话框，按图 3-31 所示设置段间距及行距。④选定正文前 6 段后，在按住 Ctrl 键的同时用鼠标选定最后 3 段，按①中方法打开"段落"对话框，按图 3-32 所示设置段落的缩进及行距。

设置段落缩进

设置行间距和段间距

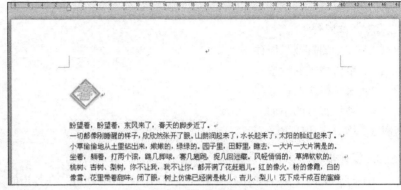

图 3-25 "带圈字符"对话框设置　　　　图 3-26 标题设置带圈字符后效果

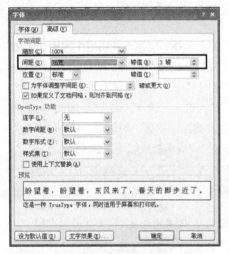

图 3-27 "高级"选项卡设置字符间距　　　　图 3-28 第 1 段字符间距加宽 3 磅效果图

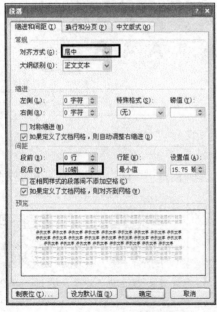

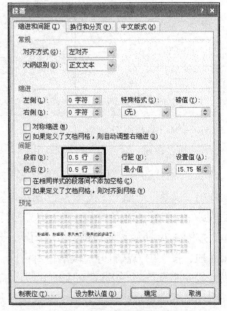

图 3-29 标题段格式设置　　　　图 3-30 正文各段段间距设置

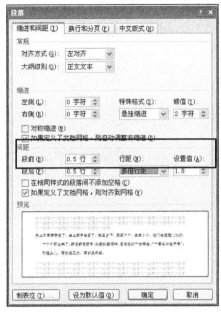

图 3-31　倒数第 4 段格式设置

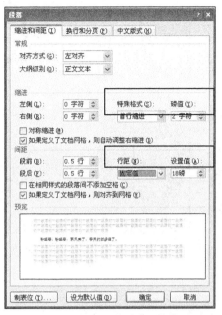

图 3-32　前 6 段及最后 3 段格式设置

（4）选中正文第 1 段的"春天"，按 Ctrl+D 键，弹出"字体"对话框，在"字体"选项卡中按图 3-33 进行设置。

（5）选中第 1 段中设置好格式的"春天"，双击"开始"选项卡 → "剪贴板"选项组 → "格式刷"按钮，如图 3-34 所示，分别刷过最后 3 段的几处"春天"。

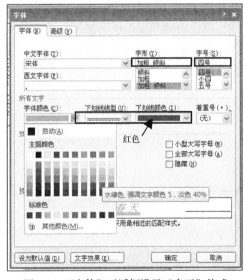

图 3-33　"字体"对话框设置"春天"格式

图 3-34　"格式刷"按钮

设置项目符号

（6）选定正文最后 3 段，单击"开始"选项卡 → "段落"选项组 → "项目符号"按钮旁的下拉按钮，弹出如图 3-35 所示的菜单，单击选择需要的符号。

（7）按 Ctrl+S 键保存文档。

图 3-35　最后 3 段项目符号设置

三、上机练习

上机练习 1

（1）在 Word 中新建一个空白文档，文件名为"上机练习 1.docx"，保存至 F 盘自己的文件夹中。

（2）在该文档中输入下面的内容。

【目录】结果采用可带勾链的【树型】结构。文件控制块称为『inode』，文件目录项由文件名和对应的『inode』指针组成，而不直接用『inode』，这样目录文件可相对短些。文件系统除基本系统外『根树』，还可动态装卸多个子系统『子树』，使用户能方便地自带文件子系统『介质』随时装上初卸下使用。

（3）将"题库\练习\lx3-1.docx"中红色文字复制到录入的段落之前，绿色文字复制到录入的段落之后，均要求另起段落，注意粘贴时需合并格式。

（4）将文档中所有的"Unix"替换为带下划线的"UNIX"，"User"替换成带有着重号的"用户"。

（5）保存文档。

上机练习 2

（1）新建空白文档，输入图 3-36 所示的请假条，其中"x"内容请根据自己的实际情况进行填写，要求假条末尾插入系统的日期和时间。

（2）将"请假条"设置为华文彩云，小初号，加粗，字符间距加宽 10 磅，字符缩放 120%，字体颜色为"深蓝，文字 2，淡色 40%"。

（3）标题段落（"请假条"）设置为居中对齐，最后 2 段设置为右对齐。

（4）正文第 1 段至最后 1 段["尊敬的……（落款日期）"]段落中文字体设置为华文行楷，西文字体设置为 Arial Black，字号为 20 磅。

（5）给正文"x"内容处添加粗下划线，给"离校期间一切安全责任自负"添加着重号。

（6）正文第 2、3 段（"我是……此致"）设置首行缩进 2 字符，全文["请假条……（落款日期）"]左、右各缩进 0.5 厘米，行距为 2.5 倍，正文各段落["尊敬的……（落款日期）"]设置段前、段后间距各为 1 行。

（7）标题段（"请假条"）段后间距设置为 25 磅。

（8）最终效果如图 3-37 所示，文件保存为"上机练习 2.docx"，保存至"F:\姓名文件夹"中。

图 3-36　上机练习 2 文字内容　　　　　　　图 3-37　上机练习 2 效果图

上机练习 3

打开"题库\模块三\练习\lx3-3.docx"，文件保存为"上机练习 3.docx"，保存至"F:\姓名文件夹"中，并按下面要求完成操作。最终效果如图 3-38 所示。

（1）第 1 行为方正舒体，字号为四号；第 2 行正文标题为隶书，字号为二号；正文第 1 段为仿宋，字号为 12 磅；中文部分最后 1 行（"摘自《生活时报》"）为方正姚体，字号为 14 磅。

（2）给标题（"三种老人不宜用手机"）设置双线下划线。正文第 2、3、4 段开头的"严重神经衰弱者""癫痫病患者""白内障患者"加粗，加着重号。

（3）第 1 行右对齐，第 2 行标题居中，中文部分最后 1 行右对齐。

（4）中文全文（"生活科普小知识……摘自《生活时报》"）左、右各缩进 0.5 厘米；正文 1 至 4 段（"据杭州日报报道，……可加重病情。"）首行缩进 2 字符，段前、段后间距各为 12 磅，行距为 16 磅。

（5）第 2 行段前、段后间距各为 1.5 行。

（6）将带有红色波浪线的单词设置为红色字体，加粗并倾斜（利用格式刷复制格式）。

（7）改正英文中的单词拼写错误。

（8）为英文段落设置项目符号"◇"，并设置段落首行缩进 0.3 厘米。

（9）保存文件。

上机练习 4

打开"题库\模块三\练习\lx3-4.docx"，文件保存为"上机练习 4.docx"，保存至"F:\姓名文件夹"中，并按下面要求完成操作。最终效果如图 3-39 所示。

（1）设置字体：第 1 行标题为华文行楷；正文第 1 段为幼圆，第 2 段为楷体；最后 1 行为华文细黑。

（2）设置字号：第 1 行标题的"地球的生命之源-"为小一，"水"为初号；正文（"水资源是人类……千家万户。"）为小四，最后 1 行（"—摘自《中国科技网》"）为 14 磅。

图 3-38　上机练习 3 效果图　　　　　　　　图 3-39　上机练习 4 效果图

（3）设置字形：正文第 2 段的第 1 句加波浪下划线，下划线颜色为红色；正文第 2 段的最后 1 句加着重号；最后 1 行倾斜并加粗。

（4）设置字体效果：设置标题文本效果为"填充-橙色，强调文字颜色 6，轮廓-强调文字颜色 6，发光-强调文字颜色 6"。

（5）设置对齐方式：标题段设置居中对齐；最后 1 段（"—摘自《中国科技网》"）右对齐。

（6）设置段落缩进：正文（"水资源……千家万户。"）各段落左、右缩进 1 字符，首行缩进 2 字符。

（7）设置行（段落）间距：正文（"水资源……千家万户。"）段前、段后间距各为 1 行，行距为 20 磅。

上机练习 5

打开"题库\模块三\练习\lx3-5.docx"，文件保存为"上机练习 5.docx"，保存至"F:\姓名文件夹"中，并按下面要求完成操作。最终效果如图 3-40 所示。

（1）改正文中单词的拼写错误。

（2）将改正了的单词设置为加粗并倾斜，字体颜色为红色。

（3）给各段添加项目符号"⌘"。

（4）复制文档内容到后面，设置字体为"Book Antiqua"。

（5）为后面复制的文档段落添加项目编号"【1】"【2】"【3】"。

（6）全文各段落段前间距设置为 0.5 行。

（7）保存文件。

设置编号

上机练习 6

打开"题库\模块三\练习\lx3-6.docx"，文件保存为"上机练习 6.docx"，保存至"F:\姓名文件夹"中，并按下面要求完成操作。最终效果如图 3-41 所示。

（1）将文中的"实"改为"石"，并添加着重号，字体颜色为"标准色"中的"紫色"。

（2）标题字体设置为华文行楷，字号为小初，文本效果为"渐变填充-灰色，轮廓-灰色"，字体颜色为红色，字符缩放 85%，字符间距加宽 6 磅；正文部分中文字体设置为仿宋，西文字体为 Arial，字号为 15 磅。

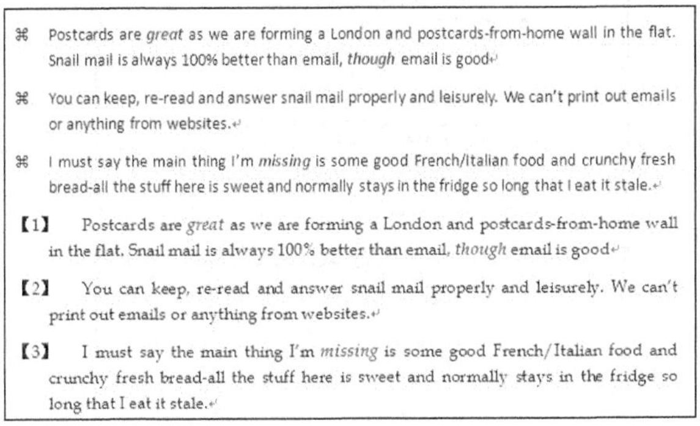

⌘ Postcards are *great* as we are forming a London and postcards-from-home wall in the flat. Snail mail is always 100% better than email, *though* email is good

⌘ You can keep, re-read and answer snail mail properly and leisurely. We can't print out emails or anything from websites.

⌘ I must say the main thing I'm *missing* is some good French/Italian food and crunchy fresh bread-all the stuff here is sweet and normally stays in the fridge so long that I eat it stale.

【1】 Postcards are *great* as we are forming a London and postcards-from-home wall in the flat. Snail mail is always 100% better than email, *though* email is good

【2】 You can keep, re-read and answer snail mail properly and leisurely. We can't print out emails or anything from websites.

【3】 I must say the main thing I'm *missing* is some good French/ Italian food and crunchy fresh bread-all the stuff here is sweet and normally stays in the fridge so long that I eat it stale.

图 3-40　上机练习 5 效果图

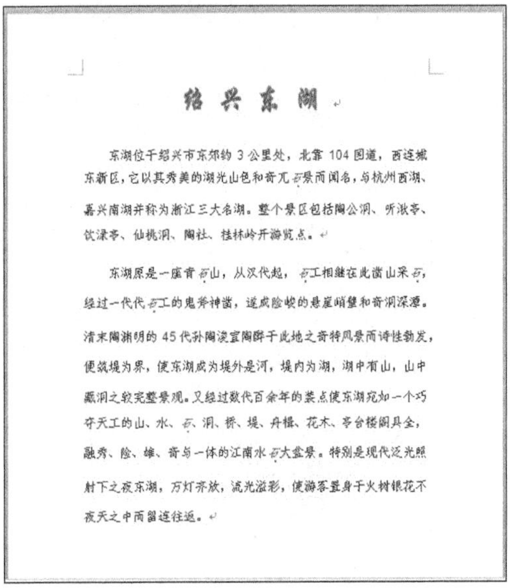

绍兴东湖

东湖位于绍兴市东郊约 3 公里处，北靠 104 国道，西连城东新区，它以其秀美的湖光山色和奇兀石景而闻名，与杭州西湖、嘉兴南湖并称为浙江三大名湖。整个景区包括陶公洞、听湫亭、饮渌亭、仙桃洞、陶社、桂林岭开游览点。

东湖原是一座青石山，从汉代起，石工相继在此凿山采石，经过一代代石工的鬼斧神凿，遂成险峻的悬崖峭壁和奇洞深潭。清末陶渊明的 45 代孙陶浚宣陶醉于此地之奇特风景而诗性勃发，便筑堤为界，使东湖成为堤外是河，堤内为湖，湖中有山，山中藏洞之较完整景观。又经过数代百余年的装点使东湖宛如一个巧夺天工的山、水、石、洞、桥、堤、舟楫、花木、亭台楼阁具全，融秀、险、雄、奇与一体的江南水石大盆景。特别是现代泛光照射下之夜东湖，万灯齐放，流光溢彩，使游客置身于火树银花不夜天之中而留连往返。

图 3-41　上机练习 6 效果图

（3）标题段（“绍兴东湖”）设置为居中，段后间距设置为 16 磅，正文各段首行缩进 2 字符，段前、段后间距各为 1 行，第 1 段行距为最小值 30 磅，第 2 段行距为 2.25 倍。

（4）保存文件。

上机练习 7

打开“题库\模块三\练习\lx3-7.docx”，文件保存为“上机练习 7.docx”， 保存至“F:\姓名文件夹”中，并按下面要求完成操作。最终效果如图 3-42 所示。

（1）设置标题段文字为黑体，二号，加粗。

（2）设置标题居中，段后间距为 20 磅。

（3）设置正文所有段落行距为固定值 18 磅。

（4）为“教学目标”“教学重点”“教学难点”“教学方法”“教学课时”“教学过程”这几段添加“一、”“二、”“三、”……的编号，设置这几处文本加粗。为“教学目标”下面的 4 段添加“1.”“2.”“3.”……的编号；“教学过程”下面的“导入新课”“讲授新课”设置“(一)”“(二)”的编号；将“讲授新课”下的“计算机网络的发展史及其产生的意义”以及“Internet 及万维网”段落添加“(1)”“(2)”的编号。为“计算机网络的发展史及其产生的意义”下面的前 5 段以及“Internet 及万维网”下面的 2 段添加“•”项目符号。

（5）正文第 12 段（“同学们……揭开它神秘的面纱。”）以及第 20 段（“INTERNET 网络的产生不仅仅……巨大的力量。”）设置首行缩进 2 字符。

（6）将文中所有的“因特网”替换成“Internet”，并将文档中所有的“Internet”添加红色单下划线。

（7）保存文件。

上机练习 8

打开“题库\模块三\练习\lx3-8.docx”，文件另存为“上机练习 8.docx”，保存至“F:\姓名文件夹"中，并按下面要求完成操作。最终效果如图 3-43 所示。

图 3-42　上机练习 7 效果图

图 3-43　上机练习 8 效果图

（1）将正文第 2 段中"MPC 是 Multimedia Personal Computer 的缩写……多媒体功能的个人计算机。"另起一段，并将该段落与第 2 段位置互换使之成为第 2 段。

（2）将"题库\模块三\练习\lx3-8A.docx"中所有文字复制到此文档，并另起一段。

（3）使用替换功能将文中所有的"MPC"设置为倾斜加粗、带着重号，所有的"PC 机"改为"红色，强调文字颜色 2，深色 25%"的"多媒体个人计算机"，所有的半角"/"改为全角"一"。

（4）将文中的内容"MPCLevel1——PC 机 1 级标准，标记为 MPC1。"复制两次并放置在该段后面形成新的两段，将复制的新段落中的"1"分别改为"2"和"3"（数字均为半角）。

（5）将第 1 行"多媒体技术基础"设置为隶书，二号字，文本效果为"映像"下的"映像变体"中的"紧密映像，接触"，居中对齐，段后间距为 1 行。

（6）正文所有段落首行缩进 0.74 厘米，行距为 20 磅。

（7）为正文第 1 段（"什么是 MPC"）和第 12 段（"彩色图像描述"）设置项目编号"一、""二、"，并将这两段设置为加粗，添加红色双波浪下划线，并设置段前、段后间距均为 0.5 行。

（8）为正文第 5 段至第 7 段（"MPC 标准的具体内容包括："下面的 3 段）设置编号"1）""2）""3）"，第 9 至 11 段（"确定 MPC 的三组标准，即："下面的 3 段）设置项目符号"√"。

（9）保存文件。

模块四
文档的版式设置

一、实训内容

1. 页面格式的设置

（1）页边距的设置

（2）纸张大小的设置

（3）纸张方向的设置

2. 边框和底纹的设置

（1）设置文字边框和底纹

（2）设置段落边框和底纹

（3）设置页面边框

（4）设置页面颜色

3. 首字下沉

4. 分栏

5. 脚注及尾注

6. 页眉页脚的设置

（1）页眉页脚的位置

（2）设置不同的页眉页脚

（3）设置页码

7. 水印效果的设置

8. 制表位的使用

二、操作实例

实例 I

1. 操作要求

打开"题库\模块四\例题\4-1.docx"，完成下面操作。最终效果如图 4-1 所示。

（1）将文档页边距上、下、左、右均设置为 2.5 厘米。

（2）插入标题"浅谈 CODE RED 蠕虫病毒"，设置为黑体、二号字，居中对齐，字符间距加宽 1 磅，在标题下方插入班级（或部门）、作者姓名，设置为宋体、小五号字，居中。

（3）设置"摘要"及"关键词"所在段落为宋体、小五号字，左、右各缩进 2 字符，并给这两个词加上括号"【 】"。

（4）将文中所有的"WORM"替换为"蠕虫"。

（5）设置正文（除标题、作者、摘要、关键词及参考文献外）所有段落中文为宋体，西文为 Times New Roman，小四号字，1.5 倍行距，首行缩进 2 字符，"摘要"、"关键词"及"参考文献"设置为"加粗"。

（6）使用项目符号和编号功能自动生成参考文献各项的编号"[1]""[2]""[3]"。

（7）正文第 1 段设置首字下沉，字体为华文行楷，下沉行数为 2，距正文 0.4 厘米。

（8）将正文第 3、4 段分两栏，栏间加分隔线，第 1 栏栏宽 12 字符，栏间距为 2 字符。

（9）给文章标题添加字符边框和 20%字符底纹。

（10）给正文第 6 段上、下加段落边框及段落底纹，边框线型为上粗下细，颜色为"浅蓝"，线宽为"2.25 磅"；底纹设置图案样式为 10%，颜色为浅绿。为参考文献 4 段设置"白色，背景 1，深色 5%"的底纹。

为段落设置边框与底纹

（11）给正文最后 1 段中的"David Gerrold"加脚注，内容为"born January 24, 1944, is an American science fiction screenwriter"。

（12）为文档设置页眉，奇数页内容为"科技论文比赛"，偶数页内容为论文题目；在页脚部分插入页码，页码格式为"-1-，-2-，-3-，…"，并设置为居中。

（13）设置文档页面颜色为"填充效果"→"渐变"→"预设"→"薄雾浓云"。

（14）设置文档页面边框为艺术型"蛋糕"，线宽为 10 磅。

（15）为文档第 1 页添加水印文字"机密"，字体为"华文新魏"，颜色为"红色"，第 2 页不要水印。

（16）保存文件，文件名不变。

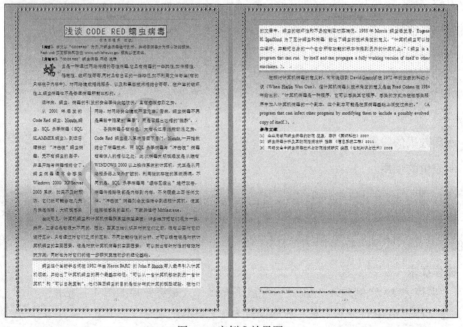

图 4-1　实例 I 效果图

2. 涉及内容

（1）文本的编辑操作。

（2）字符、段落的格式设置。

（3）页面设置。

（4）首字下沉。

（5）分栏。

（6）边框及底纹。

（7）脚注和尾注。

（8）水印。

3. 操作步骤

（1）设置页面：单击"页面布局"选项卡 → "页面设置"选项组右下角的对话框启动器，在弹出的"页面设置"对话框 → "页边距"选项卡的"页边距"组中的"上""下""左""右"4个框中分别设置值为 2.5 厘米，如图 4-2 所示。

设置页面大小

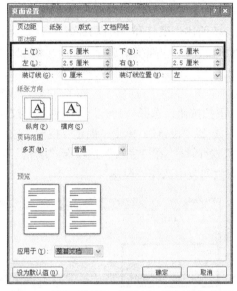

图 4-2 "页面设置"对话框之"页边距"设置   图 4-3 "首字下沉"对话框设置

（2）第 2 至第 6 小题操作步骤省略（模块四实例有相关介绍）。

（3）设置首字下沉：将光标定位在正文第 1 段，单击"插入"选项卡 → "文本"选项组 → "首字下沉"按钮，在弹出的菜单中选择"首字下沉选项"命令，打开"首字下沉"对话框，在"位置"处单击"下沉"，"字体"下拉列表中选择"华文行楷"，"下沉行数"设为"2"，"距正文"设置为"0.4 厘米"，单击"确定"按钮，如图 4-3 所示。

（4）设置分栏：选定正文第 3 至第 4 段，单击"页面布局" → "页面设置"选项组 → "分栏"按钮，在弹出的菜单中选择"更多分栏"命令，弹出"分栏"对话框，在"预设"处单击选择"两栏"，单击去掉"栏宽相等"前面的"√"，栏 1 "宽度"设置为"12 字符"，"间距"设置为"2 字符"，单击勾选"分隔线"复选框，单击"确定"按钮，如图 4-4 所示。

为字符设置边框与底纹

（5）设置字符边框和底纹：选定标题，单击"开始"选项卡 → "字体"选项组中的"字符边框"按钮Ａ，标题即加上方框；在标题选定状态下，单击"开始"选项卡 → "段落"选项组 → "下框线"按钮 右边的下拉按钮，在下拉菜单中选择"边框和底纹"命令，弹出"边框和底纹"对话框，单击切换至"底纹"选项卡，按图 4-5 所示进行设置，注意在"应用于"下拉列表中选择"文字"。

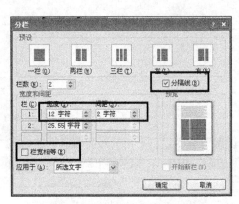

图 4-4 "分栏"对话框设置　　　　　　　图 4-5 "边框和底纹"对话框设置标题底纹

（6）设置段落边框和底纹：选定正文第 6 段，按前述步骤打开"边框和底纹"对话框，在"边框和底纹"对话框"边框"选项卡中按图 4-6 所示设置，"样式"中选择上粗下细线型，"颜色"中选择"标准色"中的"浅蓝"，"宽度"选择"2.25 磅"，"应用于"下拉列表中选择"段落"。在"预览"处相应框线上单击去掉左右两侧的框线。单击"底纹"选项卡，在"底纹"选项卡中按图 4-7 所示进行设置，单击"图案"区"样式"下拉按钮，选择"10%"，"颜色"下拉列表中选择"标准色"中的"浅绿"，"应用于"下拉列表中选择"段落"，单击"确定"按钮。选定"参考文献"后面 3 段，按前述步骤打开"边框和底纹"对话框，在"底纹"选项卡"填充"下拉列表中选择"白色，背景 1，深色 5%"，"应用于"下拉列表中选择"段落"。

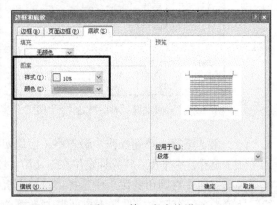

图 4-6 第 6 段边框设置　　　　　　　　图 4-7 第 6 段底纹设置

（7）设置脚注：将光标移至正文最后 1 段中的"David Gerrold"后面，单击"引用"选项卡 →"脚注"选项组的"插入脚注"按钮，在文档底端横线下方输入脚注内容，如图 4-8 所示。

（8）设置页眉页脚：单击"插入"选项卡 → "页眉和页脚"选项组 → "页眉"按钮，在"内置"列表中选择"空白"，在弹出的"页眉和页脚工具"→"设计"选项卡 → "选项"选项组中，勾选上"奇偶页不同"复选框，如图 4-9 所示，然后分别在第 1 页和第 2 页页眉编辑区"键入文字"处输入"科技论文比赛"及"浅谈 CODE RED 蠕虫病毒"。单击"页眉和页脚工具"→ "设计"选项卡 → "导航"组中"转至页脚"按钮，将光标转至页脚处，再单击"页眉和页脚工具"→ "设计"选项卡 → "页眉和页脚"组 → "页

设置页眉页脚

码"按钮，在弹出的菜单中选择"设置页码格式"按钮，弹出"页码格式"对话框，在"编号格式"下拉列表中选择需要的格式，如图 4-10 所示，单击"确定"按钮。单击"页眉和页脚工具"→"设计"选项卡 → "页眉和页脚"组 → "页码"按钮，在弹出的菜单中单击"当前位置"→ "普通数字"，页码即插入至页脚处，如图 4-11 所示。再将光标移至第 2 页页脚处，按前述步骤插入及修改页码格式，在"页码格式"对话框中"页码编号"需选择"续前节"。在光标位于页脚编辑区时，按 Ctrl+E 键可设置页码居中对齐。

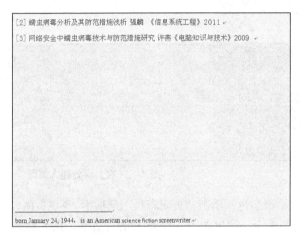

图 4-8 脚注设置

图 4-9 页眉设置

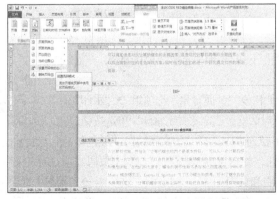

图 4-10 页脚处页码格式设置

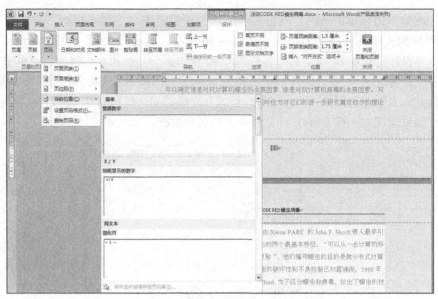

图 4-11　在页脚处插入页码

（9）设置页面颜色：单击"页面布局"选项卡 → "页面背景"选项组 → "页面颜色"按钮 → "填充效果"命令，弹出如图 4-12 所示的对话框，在"渐变"选项卡中的"颜色"区单击选中"预设"单选按钮，"预设颜色"下拉列表中单击选择"薄雾浓云"，单击"确定"按钮。

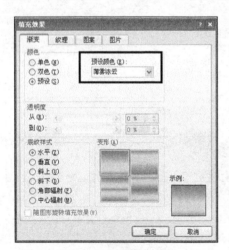

图 4-12　页面颜色设置

图 4-13　页面边框设置

（10）设置页面边框：单击"页面布局"选项卡 → "页面背景"选项组 → "页面边框"按钮，弹出如图 4-13 所示的对话框，在"艺术型"下拉列表中选择需要的样式，"宽度"设置为"10 磅"，单击"确定"按钮。

（11）设置水印：单击"页面布局"选项卡 → "页面背景"选项组 → "水印"按钮 → "自定义水印"命令，弹出"水印"对话框，选定"文字水印"单选按钮，在"文字"处输入内容"机密"，"字体"下拉列表中选择"华文新魏"，"颜色"下拉列表中单击"红色"，单击"确定"按钮，如图 4-14 左图所示。双击页眉或页脚处，光标移至第 2 页页眉处，单击"页眉和页脚工具" → "设计"选项卡 → "导航"选项组 → "链接到前一条页眉"按钮，如图 4-14 右图所示，单击选中第 2 页的水印文字，按 Delete 键删除。

设置页边距

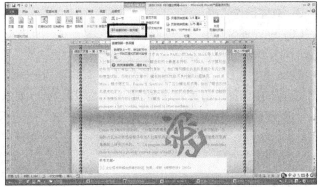

图 4-14　水印设置

（12）按 Ctrl+S 键保存文件。

实例 II

1. 操作要求

打开"题库\模块四\例题\4-2.docx"，按要求完成下面操作。最终效果如图 4-15 所示。

（1）上、下页边距设置为 2 厘米，左、右页边距设置为 2.5 厘米，页眉、页脚距边界距离均为 1.5 厘米。纸张大小：宽度为 20 厘米，高度为 29 厘米。

（2）设置标题文字字体为"华文行楷"，字号为"小初"，文本效果为"渐变填充-灰色，轮廓-灰色"，字体颜色为"标准色"中的"蓝色"。

（3）将第 1 段至第 8 段（"姓名……邮编：210000"）分成等宽的两栏，栏宽 15 字符，栏间加分隔线。

（4）为正文的"自我评价""职业目标""工作经验""教育背景""职业特长和技能"五段文字设置浅蓝色底纹，添加阴影边框。为"职业目标"下面的一段设置底纹，颜色为"橄榄色，强调文字颜色 3"。

（5）为最后 1 段设置首字下沉，字体为楷体，下沉行数为 2 行，距正文 0.1 厘米。

图 4-15　实例 II 效果图

（6）利用制表符将"教育背景"下面的两段内容设置成图 4-15 所示的对齐方式。

（7）为文档添加页眉"工贸学院""王晓理""个人简历"，并将页眉线设置为双下画线。

（8）在文档页面底端添加页码"II"，以原文件名保存文件。

2. 涉及内容

（1）页面格式。

（2）分栏。

（3）边框和底纹。

（4）首字下沉。

（5）制表符。

（6）页眉页脚。

（7）页码格式设置。

3. 具体操作步骤

（1）设置页面：单击"页面布局"选项卡→"页面设置"选项组右下角的箭头，弹出"页面设置"对话框，在"页边距"选项卡中设置"上""下"页边距为 2 厘米，"左""右"页边距为 2.5 厘米；在"版式"选项卡中设置页眉、页脚距边界距离均为 1.5 厘米，如图 4-16 所示；在"纸张"选项卡中设置"宽度"为 20 厘米，"高度"为 29 厘米，单击"确定"按钮，如图 4-17 所示。

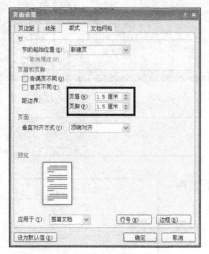

图 4-16　页眉页脚位置设置

图 4-17　纸张大小设置

（2）设置标题格式：选定标题文本，单击"开始"选项卡→"字体"选项组中的"字体"下拉按钮，选择字体为"华文彩云"，在"字号"下拉列表选择"小初"，再单击"文本效果"按钮 A▾，在列表中选择样式"渐变填充-灰色，轮廓-灰色"，单击"字体颜色"下拉按钮，选择"标准色-蓝色"，按 Ctrl+E 快捷键设置段落居中对齐。

（3）设置分栏：选定正文第 1~8 段，单击"页面布局"选项卡→"页面设置"选项组→"分栏"按钮，选择"更多分栏"命令，打开"分栏"对话框，按图 4-18 所示设置。

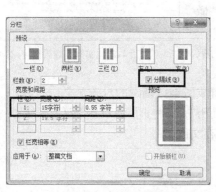

图 4-18　分栏设置

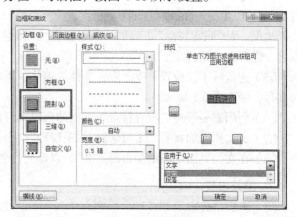

图 4-19　边框设置

（4）设置边框和底纹：选定"自我评价"，按住 Ctrl 键同时选定"职业目标""工作经验""教育背景""职业特长和技能"，单击"开始"选项卡→"段落"选项组→"下框线"按钮右侧的下拉按钮，选择"边框和底纹"命令，打开"边框和底纹"对话框，在"边框"选项卡中按图 4-19 所示设置。切换至"底纹"选项卡，按图 4-20 所示设置，单击"确定"按钮。选定"职业目标"下面一段（注意包括段落标记），按上述方法在"边框和底纹"对话框中设置底纹颜色为"橄榄色，强调文字颜色3"，"应用于"下拉列表中选择"段落"，单击"确定"。

（5）设置首字下沉：将光标定位在最后一段中，单击"插入"选项卡 → "文本"选项组 → "首字下沉"按钮，选择"首字下沉选项"命令，打开"首字下沉"对话框，按图4-21所示设置。

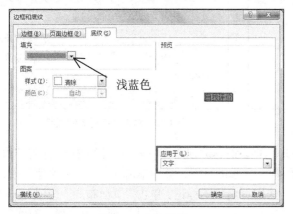

图4-20　底纹设置　　　　　　　　　　　　　　　图4-21　首字下沉设置

（6）设置制表符：单击选中"视图"选项卡 → "显示"选项组 → "标尺"复选框，选定"教育背景"下面的两行文字，在水平标尺相应位置上依次单击，即添加了3个左对齐式制表符，如图4-22所示。双击第2个制表符，弹出"制表位"对话框，如图4-23所示，在"制表位位置"列表中选择"22.95字符"，"对齐方式"设置为"居中"，单击"确定"按钮，按上述方法设置第3个制表符，如图4-24所示，设置完成后3个制表符如图4-25所示。取消文本的选定，将光标定位在"2006年9月"前，按Tab键，则可发现"2006年9月"按左对齐式制表符对齐，再将光标定位到"南京师范大学"前，再次按Tab键对齐，其他内容的对齐均按此操作，结果如图4-26所示。最后按上述方法在三列之间添加2个竖线对齐制表符，如图4-27所示。

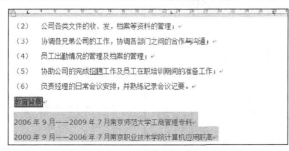

图4-22　添加3个制表符

图4-23　设置第2个制表符　　　　　　　　　　　图4-24　设置第3个制表符

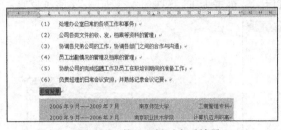

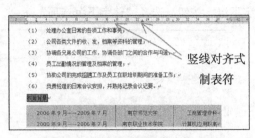

图 4-25 制表符对齐方式更改后

图 4-26 按 Tab 键对齐后效果　　　　　　图 4-27 添加竖线对齐制表符

（7）设置页眉：单击"插入"选项卡 → "页眉和页脚"选项组 → "页眉"按钮，选择"内置"列表中的"空白（三栏）"样式，出现如图 4-28 所示的页眉，分别单击三个"键入文字"处，输入内容"工贸学院""王晓理""个人简历"。选定页眉段落标记，单击"页面布局"选项卡 → "页面背景"选项组 → "页面边框"按钮 → "边框"选项卡，在"样式"列表中选择"双线"，单击"预览"处"下框线"按钮，单击"确定"按钮，如图 4-29 左图所示，设置完成后如图 4-29 右图所示。

图 4-28 页眉样式

图 4-29 设置页眉

（8）设置页码：单击"插入"选项卡 → "页眉和页脚"选项组 → "页码"按钮 → "页面底端" → "普通数字 2"样式，如图 4-30 所示，再单击"页眉和页脚工具" → "设计"选项卡 → "页眉和页脚"选项组 → "页码"按钮 → "设置页码格式"命令，在"页码格式"对话框中的"编号格式"下拉列表中选择"Ⅰ，Ⅱ，Ⅲ，…"，单击选定"页码编号"区"起始页码"单选按钮，设置值为"Ⅱ"，如图 4-31 所示。按 Ctrl+S 键保存文档。

实例Ⅲ

1. 操作要求

打开"题库\模块四\例题\4-3.docx"文档，文件另存为"实例 4-3 效果.docx"，按要求完成操作。

（1）在此页内容前插入一空白页。

图 4-30　页面底端插入页码

图 4-31　页码设置

（2）打开"题库\例题\模块四\求职信.docx"，将所有的内容复制到"实例 4-3 效果.docx"文档的空白页中。

（3）设置如图 4-32 所示的页眉。

图 4-32　页眉样式

（4）将第 2 页的页眉中的"求职信"改为"个人简历"，而第 3 页的页眉中的"求职信"改为"成绩单"。

（5）为"成绩单"插入尾注（文档结尾），内容为"该成绩单情况属实，可在学籍网查询"，保存文件。

2．涉及内容

（1）插入分隔符。

（2）插入页眉页脚。

（3）插入页码。

（4）插入尾注。

3．具体操作步骤

（1）将光标定位在"个人简历"前，单击"页面布局"选项卡 → "页面设置"选项组 → "分隔符"按钮，如图 4-33 所示，在下拉菜单中单击"分节符"下的"下一页"命令，即在文档前面插入一空白页，如图 4-34 所示。

（2）打开文档"求职信.docx"，按 Ctrl+A 键全部选定，按 Ctrl+C 键复制，切换到文档"实例 4-3 效果.docx"，然后将光标定位在空白页最前面，按 Ctrl+V 键进行粘贴。

（3）单击"插入"选项卡 → "页眉和页脚"选项组 → "页眉"按钮，在下拉菜单中单击"内置"列表中的"空白（三栏）"样式，单击页眉中第 1 个"键入文字"，输入"个人求职资料（求职信）"，单击中间的"键入文字"，按 Delete 键删除，单击最后 1 个"键入文字"，单击"页眉和页脚工具" → "设计"选项卡 → "页眉和页脚"选项组 → "页码"按钮 → "当前位置"下拉列表中的"加粗显示的数字"，第 1 页页眉如图 4-35 所示，将"1/3"修改成"第 1 页，共 3 页"。

图 4-33 "分隔符"下拉菜单

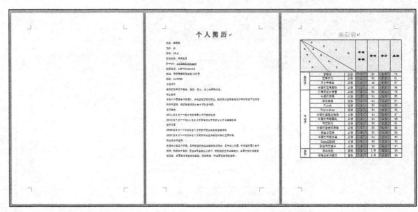

图 4-34 插入分节符后效果

图 4-35 设置页眉

（4）将光标定位至第 2 页页眉处，单击取消选中"页眉页脚工具"→"设计"选项卡→"导航"选项组→"链接到前一条页眉"按钮，如图 4-36 所示，则页眉上的"与上一节相同"几个字消失，然后更改页眉内容，如图 4-37 所示。单击"页眉和页脚工具"→"设计"选项卡→"关闭"选项组→"关闭页眉和页脚"按钮退出页眉编辑。将光标定位在第 2 页内容的结尾，单击"页面布局"选项卡→"页面设置"选项组→"分隔符"按钮→"分节符"列表→"连续"，如图 4-38 所示，再将光标定位在第 3 页页眉处，按上述操作取消选中"链接到前一条页眉"按钮，然后修改页眉内容，完成后效果如图 4-39 所示，单击"关闭页眉和页脚"按钮。

插入分隔符

图 4-36 "链接到前一条页眉"按钮

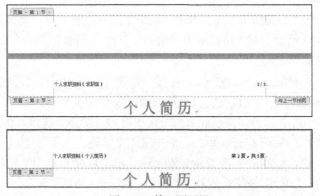

图 4-37 第 2 页页眉

图 4-38　插入连续的分节符

图 4-39　第 3 页页眉

（5）将光标定位在第 3 页"成绩单"后，单击"引用"选项卡 → "脚注"选项组右下角的对话框启动器，弹出"脚注和尾注"对话框，在"位置"区单击选中"尾注"单选按钮，在下拉列表中选择"文档结尾"，单击"插入"按钮，如图 4-40 左图所示。在文档结尾横线下方光标处输入尾注内容，如图 4-40 右图所示。按 Ctrl+S 键保存文件。

图 4-40　尾注设置

三、上机练习

上机练习 1

打开"题库\模块四\练习\lx4-1.doc"，文件另存为"上机练习 1.docx"，保存至"F：\姓名文件夹"。按下面要求完成操作。最终效果如图 4-41 所示。

（1）页面格式：页面纸张大小设置为自定义大小，宽 24 厘米，高 29 厘米。上、下、左、右页边距均为 2 厘米。

（2）标题设置：将标题"演讲稿概述"设置为黑体、二号字，文本效果为"填充-白色，渐变轮廓-强调文字颜色 1"，标题居中。

（3）正文设置：将正文字体设置为楷体，小四，各段落首行缩进 2 字符，段前、段后间距各为 0.5 行，行距为固定值 18 磅。

（4）边框和底纹设置：为标题段设置黄色底纹、红色阴影边框，边框宽度为 1.5 磅。

（5）项目编号设置：给正文 4～6 段添加"一、""二、""三、"的项目编号，并分成等宽的 3 栏，栏间距为 3 字符，栏间加分隔线。

（6）首字下沉：为正文第 3 段设置首字下沉，下沉 4 行，距正文 0.2 厘米。

（7）插入页眉：添加"空白"样式页眉，文字内容为"演讲稿概述"，并设置右对齐。

（8）插入页码：在页面底端以"普通数字 2"的格式插入页码"-1-"。

（9）页面边框：给文档设置如图 4-41 所示的页面边框，边框颜色为"标准色"中的"橙色"，框线为 4.5 磅。

（10）页面颜色：设置"再生纸"的纹理填充效果，并把自己的姓名设置成水印，字体为楷体，字体颜色为黄色。

（11）水印：为文档添加水印，水印文字为自己的姓名，字体为华文新魏，字体颜色为绿色。

（12）插入尾注：为正文第 1 段第 1 行"演讲稿"设置粗单线下划线，插入尾注："在较为隆重的仪式上和某些公众场所发表的讲话文稿。"

（13）保存文件。

上机练习 2

打开"题库\模块四\练习\lx4-2.docx"，文件另存为"上机练习 4.docx"，保存至"F:\姓名文件夹"。按下面要求完成操作。最终效果如图 4-42 所示。

图 4-41　上机练习 1 效果图

图 4-42　上机练习 2 效果图

（1）设置页面：纸张大小设置为自定义大小，宽度为 20 厘米，高度为 29 厘米；页边距为上、下各 2.5 厘米，左、右各 3 厘米。

（2）设置字符及段落格式：标题字体为华文彩云，字号为二号，加粗，设置文本效果为"填充-白色，渐变轮廓-强调文字颜色 1"，居中对齐；正文的中文字体设置为仿宋，西文字体设置为 Book Antiqua，字号为 12 磅；正文第 1 段左、右各缩进 0.5 厘米，正文各段段间距为段前、段后各 0.5 行，首行缩进 2 字符。

（3）设置分栏：将第 2、3、4、5、6 段设置为两栏样式，栏间加分隔线，第 1 栏栏宽 15 字符，间距为 2 字符。

（4）设置边框和底纹：为标题文字设置底纹图案样式为 30%，图案颜色为绿色。为正文第 1 段设置阴影边框，样式为双实线，颜色为红色，线宽为 1.5 磅。

（5）添加脚注和尾注：第 1 段中的第 1 处"核电站"加粗并添加 "波浪线"下划线，插入尾注："是利用动力反应堆所产生的热能来发电的动力设施。"

（6）页眉页脚：添加"空白（三栏）"样式页眉，删除中间栏，左栏输入"人类与能源"，右栏插入页码"II"，字体设置为黑体，为页眉段落设置下框线为虚线。效果如图 4-43 所示。

图 4-43　页眉样式

（7）页面颜色：填充颜色为"填充效果"→"渐变"→"预设颜色"→"麦浪滚滚"，底纹样式为水平。

（8）页面边框：设置如图 4-42 所示的艺术型页面边框，宽度为 15 磅。

（9）水印：为文档添加文字水印，文字为你的姓名。

（10）保存文件。

上机练习 3

打开"题库\模块四\练习\lx4-3.doc"，文件另存为"上机练习 3.docx"，保存至"F:\姓名文件夹"。按下面要求完成操作。最终效果如图 4-44 所示。

（1）纸张大小为 A4，上、下页边距均为 3.5 厘米，左、右页边距均为 3 厘米，页眉、页脚距边界均为 1.5 厘米。

（2）"中国与奥运"字体为方正舒体，字号为一号，文本效果为"渐变填充-黑色，轮廓-白色，外部阴影"，居中对齐。

（3）给标题（"中国与奥运"）文字添加阴影边框，颜色为绿色，框线为 1.5 磅，设置黄色字符底纹；给正文第 2、3 段设置"水绿色，强调文字颜色 5"的底纹，图案样式为 5%，颜色为黄色。

（4）将正文 2 至 3 段分成等宽的两栏，栏间加分隔线。

（5）为正文 6 至 10 段设置"（1）""（2）"……"（5）"的项目编号。

（6）为第 4 段"中国"设置首字下沉的效果，下沉行数为 2 行，字体为华文细黑，距正文 0.2 厘米。

（7）利用制表符将"历年奥运会举办城市中英文对照"下方的内容按图 4-44 所示设置对齐效果。

（8）给文档添加页眉，第 1 页页眉内容为"中国与奥运"，第 2 页页眉内容为"加油，中国"。

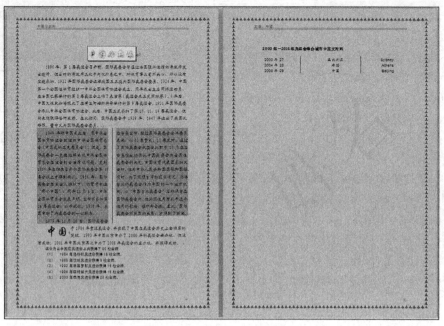

图 4-44　上机练习 3 参考效果图

（9）在页脚处添加页码"一"，设置为右对齐。

（10）给文档设置艺术型页面边框，宽度为 10 磅，页面颜色为"红色，强调文字颜色 2，淡色 60%"。

（11）为文档添加文字水印，文字为你的姓名。

（12）保存文件。

上机练习 4

打开"题库\模块四\练习\lx4-4.docx"，文件另存为"上机练习 4.docx"，保存至"F：\姓名文件夹"。按下面要求完成操作。最终效果如图 4-45 所示。

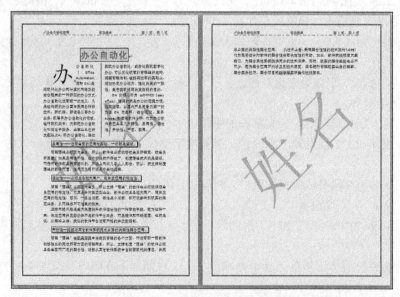

图 4-45　上机练习 4 参考效果图

（1）设置上、下、左、右页边距均为 3 厘米；页眉、页脚距边界为 1.5 厘米；纸张大小为 16 开。

（2）设置标题文字（"办公自动化的应用"）为黑体、一号、加粗，文本效果为"渐变填充-橙色，强调文字颜色 6，内部阴影"，居中对齐，为标题文字添加字符边框及字符底纹。

（3）设置正文第 1 段首字下沉，下沉行数为 4 行，距正文 0.2 厘米，字体为楷体。

（4）为正文中的"易用性……""健壮性……""开放性……"3 段文字设置黄色的字符底纹、蓝色 1.5 磅阴影字符边框。

（5）将正文第 1、2 段分成两栏，第 1 栏栏宽为 16 字符，栏间距为 2 字符，加分隔线。

（6）页眉页脚设置：页眉下边框线为 1 磅点划线，内容为"✐办公自动化应用　信息技术　第 1 页，共 2 页"，字体加粗。效果如图 4-46 所示。

图 4-46　页眉样式

（7）页面颜色及页面边框：为文档设置合适的背景，添加红色边框，线宽为 3 磅。

（8）水印：给文档制作文字水印，文字内容为你的姓名，文字颜色自选。

（9）保存文件。

上机练习 5

打开"题库\模块四\练习\lx4-5.docx"，文件另存为"上机练习 5.docx"，保存至"F：\姓名文件夹"。按下面要求完成操作。最终效果如图 4-47 所示。

（1）设置纸张大小为 16 开，页边距为"适中"，页面竖直对齐方式为"居中"。

（2）文档标题（"家用电脑"）设置为华文行楷、二号、加粗、蓝色、双下划线，水平居中。

（3）将第 1～4 段设置为小四号字，首行缩进 2 个字符，左、右各缩进 2 个字符，段前间距为 0.5 行。

（4）将第 1 段设置为首字下沉 2 行，字体为隶书。

（5）将第 5～7 段设置为四号仿宋字，行距为 16 磅，并设置项目编号"1）""2）""3）"。

（6）将第 5～7 段分成等宽的两栏，间距为 3 字符，加分隔线。

（7）为标题文字设置浅绿色的底纹，为正文第 2 段设置上下边框线，线型为上粗下细，颜色为"深蓝，文字 2，淡色 60%"，线宽为 3 磅。

（8）在页面顶端插入页码"Ⅲ"，并设置为右对齐，字体加粗。

（9）给标题插入尾注，内容为"摘自《生活时报》"。

（10）为文档设置"渐变"→"预设颜色"→"雨后初晴"的背景颜色。

（11）为文档设置艺术型页面边框。

（12）水印：为文档设置文字水印，文字内容为你的姓名，字体格式自由设置。

（13）保存文件。

模块五
表格

一、实训内容

1. 创建表格

2. 编辑表格

（1）选定表格

（2）调整行高列宽

（3）插入行、列、单元格

（4）删除行、列、单元格

（5）拆分和合并单元格

（6）表格的复制

（7）表格的行或列交换

3. 表格的格式设置

（1）表格的自动套用格式

（2）边框和底纹

（3）设置表格和表格文本的对齐方式

4. 表格中数据处理功能

（1）表格的计算

（2）表格的排序

5. 表格与文本的转换

二、操作实例

实例 I

1. 操作要求

制作如下一张个人简历表，文件保存名为"实例 5-1.docx"。最终效果如图 5-1 所示。

（1）插入一个 13 行 7 列的表格。

（2）输入单元格内容。

（3）设置表格第 1 列和最后 1 列列宽为 3.2 厘米，其余列（2 至 6）列宽为 2 厘米；前 6 行行高为 0.7 厘米，后 7 行行高为 1 厘米。

（4）按样表合并（拆分）单元格。

（5）设置表格居中对齐，单元格内容对齐方式为水平居中。

（6）设置单元格文字方向。

（7）设置表格外框线为单实线，线宽为 3 磅，颜色为深红；内框线为单实线，线宽为 1 磅，颜色为浅蓝。

（8）将第 6 行的下框线和第 11 行的上框线设置为点划线，线宽为 1 磅，颜色为浅蓝。

（9）给相应单元格设置“深蓝，文字 2，淡色 80%”的底纹。

2. 涉及内容

（1）表格制作。

（2）表格编辑。

（3）表格格式设置。

3. 具体操作步骤

个人简历表

姓名		性别		年龄		照片
学历		政治面貌		民族		
毕业院校		毕业时间				
专业		爱好特长				
外语应用水平						
计算机应用水平						
工作经历	时间	工作地点				职务
特殊要求						
联系方式	移动电话			住址		
	固定电话			邮编		

图 5-1　实例 I 效果图

（1）插入表格：单击“插入”选项卡→“表格”选项组→“表格”按钮，在打开的表格列表中单击“插入表格”命令，在“插入表格”对话框中设置行数、列数（13 行 7 列），单击“确定”按钮，如图 5-2 所示。如果插入的表格行数不多于 8 行，列数不多于 10 列，可以在弹出的“插入表格”列表中，拖动鼠标选择表格插入，如图 5-3 所示。

插入自动表格

（2）输入表格内容，如图 5-4 所示。

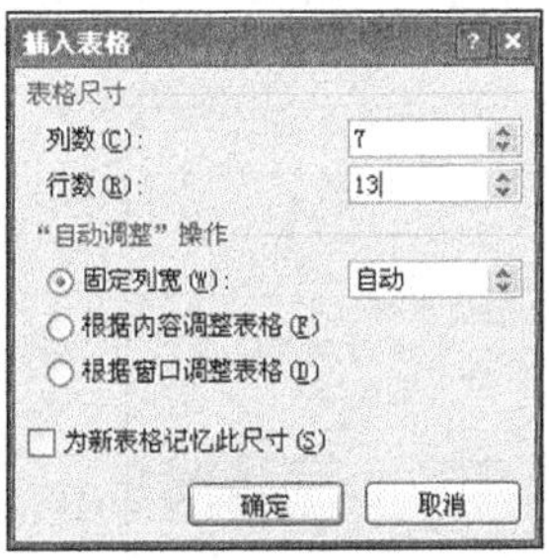

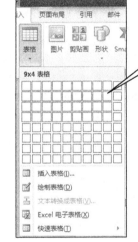

图 5-2　对话框“插入表格”

图 5-3　“表格”下拉列表

姓名		性别		年龄		照片
学历		政治面貌		民族		
毕业院校			毕业时间			
专业			爱好特长			
外语应用水平						
计算机应用水平						
工作经历	工作地点					职务
特殊要求						
联系方式	移动电话			住址		
	固定电话			邮编		

图 5-4　表格内容

（3）设置单元格大小（行高和列宽的设置）。

① 设置列宽：将光标移至第 1 列中的单元格，在“表格工具”→“布局”选项卡→“单元格大小”选项组→“宽度”框中输入“3.2 厘米”，如图 5-5 所示。以同样的步骤设置最后 1 列列宽为 3.2 厘米，选定其余各列，设置列宽为 2 厘米。

② 设置行高：选定表格第 1～6 行，在“单元格大小”选项组中的“高度”框中输入“0.7 厘米”。以同样的步骤设置后 7 行行高为 1 厘米。

绘制表格

（4）设置单元格合并或拆分。

① 先用鼠标拖动的方法选中需合并的单元格（如选中第 3 行的第 2、

3 列单元格），右击，在快捷菜单中选择"合并单元格"命令，如图 5-6 左图所示，或单击"表格工具"→"布局"选项卡→"合并"选项组中的"合并单元格"按钮，如图 5-6 右图所示。

图 5-5　"表格工具 布局"选项卡

图 5-6　合并单元格

② 选定第 1 列 7～10 行单元格，单击"表格工具"→"布局"选项卡→"合并"选项组中的"拆分单元格"按钮，弹出"拆分单元格"对话框，"列数"输入"2"，"行数"输入"4"，如图 5-7 所示，单击"确定"。拆分后的第 2 列第 1 个单元格输入内容"时间"。再将"工作经历"所在单元格及其下方的 3 个单元格合并。

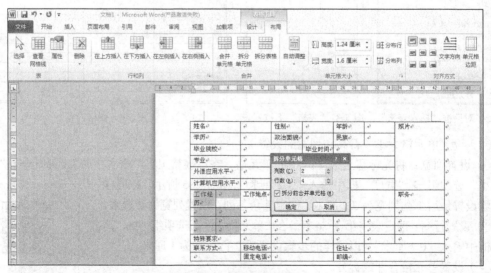

图 5-7　拆分单元格

（5）设置表格格式

① 设置表格居中：单击表格左上角的 4 向箭头按钮选定表格，按 Ctrl+E 键。

② 设置单元格内容水平居中：用鼠标拖动选择的方法选定所有单元格内容，单击"表格工具"→"布局"选项卡→"对齐方式"选项组→"水平居中"按钮，或右击选定的单元格，在快捷菜单中选择"单元格对齐方式"→"水平居中"，如图 5-8 所示。

图 5-8　单元格内容对齐方式设置

（6）设置文字方向：选定"工作经历"及"照片"单元格（按 Ctrl 键选定不连续单元格），单击"表格工具"→"布局"选项卡→"对齐方式"选项组→"文字方向"按钮，文字由横排变成竖排。

（7）设置边框和底纹。

① 设置表格边框：选中表格，单击鼠标右键弹出快捷菜单，选择"边框和底纹"命令，弹出"边框和底纹"对话框，如图 5-9 所示。选择"边框"选项卡，单击"自定义"按钮。

图 5-9　"边框和底纹"对话框

a. 设置外框线：选择"线型"为"单实线"，"颜色"为"标准色"中的"深红"，"宽度"设置为"3磅"，在"预览"区图示处相应位置单击更改外框线。

b. 设置内框线：选择"线型"为"单实线"，"颜色"为"标准色"中的"浅蓝"，"宽度"设置为"1磅"，在"预览"区图示处相应位置单击更改内框线。

c. 设置其他框线：光标移至单元格内，在"表格工具"→"设计"选项卡→"绘图边框"选项组→"笔样式"下拉列表中选择"点划线"，在"笔划粗细"下拉列表中选择"1磅"，在"笔颜色"下拉列表中选择"浅蓝"，再单击"绘制表格"按钮，如图 5-10 所示，当鼠标变为铅笔形状时，用该"笔"直接在表格相应框线上沿线绘制即可。

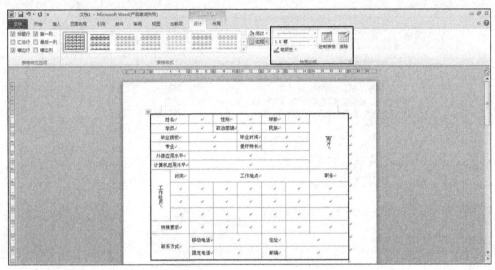

图 5-10 "绘图边框"选项组

② 设置底纹：选中需要设置底纹的所有单元格，单击"表格工具"→"设计"选项卡→"表格样式"选项组→"底纹"按钮，在"底纹"下拉列表中选择颜色为"深蓝，文字 2，淡色 80%"，如图 5-11 所示。或在选定的单元格上右击，在快捷菜单中选择"边框与底纹"命令，在弹出的对话框中选择"底纹"选项卡，在"填充"框中选择相应颜色，如图 5-12 所示。

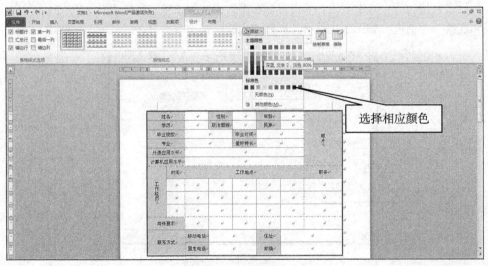

图 5-11 "设计"选项卡

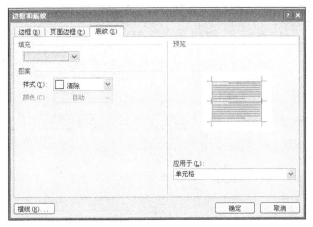

图 5-12 "底纹"选项卡

实例Ⅱ

1. 操作要求

打开"题库\模块五\例题\5-2.docx",文件另存为"实例 5-2 效果.docx",按要求完成操作。最终效果如图 5-13 所示。

（1）计算表格中各学生的总分、平均分、最高分、最低分。

（2）排序：主要关键字为"总分",降序排列；次要关键字为"数学",降序排列。

2. 涉及内容

（1）表格计算。

（2）表格排序。

计算表格中的数据

3. 操作步骤

（1）计算每个学生的总分。

① 将光标定位在 "总分"列的第 1 个空单元格内,单击"表格工具"→"布局"选项卡→"数据"选项组 → "公式"按钮,弹出"公式"对话框,如图 5-14 所示。将其中的"ABOVE"改成"LEFT",或将"ABOVE"改为"C3:F3",单击"确定",即可得到"甲"学生的总分。

学号	姓名	课程				总分	平均分
		英语	数学	物理	计算机基础		
1	甲	65	77	73	68		
2	乙	89	85	92	95		
3	丙	65	60	75	61		
4	丁	84	54	69	90		
最高分							
最低分							

图 5-13 实例Ⅱ效果图

图 5-14 "公式"对话框

② 选中"甲"学生的总分单元格数字,按 Ctrl+C 键复制,Ctrl+V 键粘贴至下方其他单元格,依次右击后面 3 位学生的总分单元格数字,弹出快捷菜单,如图 5-15 所示。如果求总分时,公式中的参数为"LEFT",则在快捷菜单中选择"更新域"命令即可更新计算结果；如果公式中的参数为"C3:F3",则在快捷菜单中选择"切换域代码"命令,直接在单元格中更改公式括号中的参数,而后再次右击数字,选择"更新域"。

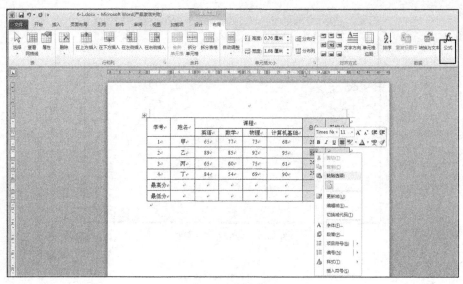

图 5-15　快捷菜单

（2）计算机每个学生的平均分。

① 将光标定位在"平均分"列的第 1 个空单元格内，单击"表格工具"→"布局"选项卡→"数据"选项组→"公式"按钮，弹出"公式"对话框，如图 5-14 所示。将"公式"文本框中的"=SUM (ABOVE)"等号后面的内容删除。单击"粘贴函数"下拉按钮，从下拉列表中选择"AVERAGE"函数，按图 5-16 输入括号内的参数，单击"确定"按钮，即求出甲学生的平均分。

② 选中"甲"学生的平均分，按 Ctrl+C 键复制，Ctrl+V 键粘贴至下方其他单元格，依次右击后面 3 位学生的平均分单元格数字，弹出快捷菜单，在快捷菜单中选择"切换域代码"命令，按图 5-17 所示更改公式，而后再次右击数字，选择"更新域"即可。

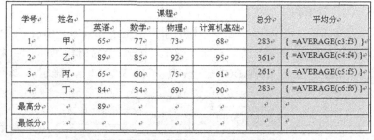

学号	姓名	课程				总分	平均分
		英语	数学	物理	计算机基础		
1	甲	65	77	73	68	283	{ =AVERAGE(c3:f3) }
2	乙	89	85	92	95	361	{ =AVERAGE(c4:f4) }
3	丙	65	60	75	61	261	{ =AVERAGE(c5:f5) }
4	丁	84	54	69	90	283	{ =AVERAGE(c6:f6) }
最高分		89					
最低分							

图 5-16　AVERAGE 函数求平均分　　　　图 5-17　切换域代码更改"平均分"公式

（3）计算最高分。

将光标定位在"最高分"行的第 3 个单元格内，单击"表格工具"→"布局"选项卡→"数据"选项组→"公式"按钮，弹出"公式"对话框，如图 5-14 所示，将"公式"文本框中的"=SUM (ABOVE)"等号后面的内容删除，单击"粘贴函数"下拉按钮，从下拉列表中选择 "MAX"函数，在括号内输入"ABOVE"，单击"确定"按钮，即求出英语成绩的最高分，其余列最高分计算只需复制、粘贴、更新域，操作同前所述。

（4）计算最低分。

① 将光标定位在"最低分"行的第 3 个单元格内，按前述方法打开"公式"对话框，将"公式"文本框中的"=SUM (ABOVE)"更改为"=MIN(C3:C6)"，即求出英语成绩的最低分。

② 选中英语列的最低分，按 Ctrl+C 键复制，Ctrl+V 键粘贴至右方其他单元格，依次右击同行后面的单元格数字，在快捷菜单中选择"切换域代码"命令，按图 5-18 所示更改公式，而后右击数字，选择"更新域"即可。

学号	姓名	课程				总分	平均分
		英语	数学	物理	计算机基础		
1	甲	65	77	73	68	283	70.75
2	乙	89	85	92	95	361	90.25
3	丙	65	60	75	61	261	65.25
4	丁	84	54	69	90	283	74.25
最高分		89	85	92	95	361	90.25
最低分		{ =MIN(C3:C6) }	{ =MIN(D3:D6) }	{ =MIN(E3:E6) }	{ =MIN(F3:F6) }	{ =MIN(G3:G6) }	{ =MIN(H3:H6) }

图 5-18　切换域代码更改"最低分"公式

（5）排序。

① 选定表格第 3～6 行。

② 单击"表格工具"→"布局"选项卡→ 数据"选项组→"排序"按钮，弹出如图 5-19 所示的"排序"对话框。

③ 在"主要关键字"栏中选择"列 7"选项，在其右边的"类型"下拉列表中选择"数字"选项，再选中"降序"单选按钮。在"次要关键字"栏中选择"列 4"选项，在其右边的"类型"下拉列表中选择"数字"选项，再选中"降序"单选按钮。"列表"组中选中"无标题行"单选按钮，单击"确定"按钮。

图 5-19　"排序"对话框

实例Ⅲ

1. 操作要求

输入下列文本，每个字段之间用一个空格隔开，将其转换成 4 行 5 列的表格，设置表格求出总分，并按总分升序排列，套用表格样式"中等深浅底纹 2，强调文字颜色 5"。

姓名 语文 数学 计算机 总分

张三 85 89 86

李四 75 75 69

王二 85 78 68

2. 涉及内容

（1）文本与表格的转换。

（2）表格样式的设置。

（3）公式计算。

（4）数据排序。

将文本转换为表格

3. 操作步骤

（1）输入文本：逐行输入，每输入一个内容，按一次空格键，输完一行按回车键。

（2）将文本转换为表格：选定输入的四行内容，单击"插入"选项卡→"表格"按钮，在下拉列表中单击"文本转换表格"命令，如图5-20所示。弹出"将文字转换成表格"对话框，如图5-21所示。在对话框"列数"中输入"5"，"文字分隔位置"选择"空格"，单击"确定"，即转为4行5列的表格。

图 5-20 "表格"下拉列表

图 5-21 "将文字转换成表格"对话框

（3）求和：将光标定位在E4单元格中，单击"表格工具"→"布局"选项卡→"数据"选项组→"公式"按钮，弹出"公式"对话框，如图5-22所示，单击"确定"按钮即可。复制计算结果至其他总分单元格，右击数字，在快捷菜单中选择"更新域"即可。

（4）排序：将光标置于表格中任一单元格，选择"表格工具"→"布局"选项卡，在"数据"选项组中单击"排序"按钮，弹出如图5-23所示的"排序"对话框，"主要关键字"选择"总分"，"类型"选择"数字"，再选中"升序"单选按钮，"列表"组选中"有标题行"单选按钮，单击"确定"按钮即可。

图 5-22 "公式"对话框

图 5-23 "排序"对话框

（5）套用表格样式：将光标移至表格单元格内，单击"表格工具"→"设计"选项卡→"表格样式”选项组 → “其他”按钮，如图 5-24 所示，在弹出的下拉列表中选择需要的样式。

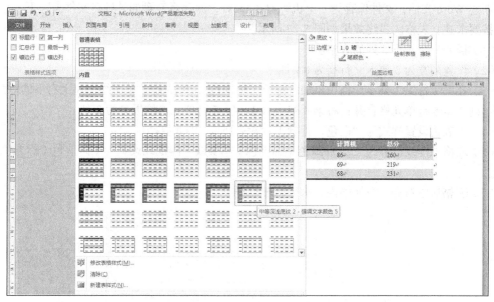

图 5-24 “表格样式”列表

三、上机练习

上机练习 1

制作借款单表格，文件保存名为“上机练习 1.docx”，保存至“F：\姓名文件夹”。最终效果如图 5-25 所示。

上机练习 2

制作散客订餐单表格，文件保存名为“上机练习 2.docx”，保存至“F：\姓名文件夹”。最终效果如图 5-26 所示。

借　款　单
资金性质：　　　年　月　日　　　合同号：
借款人 | 部门 | 主管经理签字
用途 | 总经理签字
金额（大写） | 百 十 万 千 百 十 元 角 分 | 支票号

图 5-25　上机练习 1 效果图

散客订餐单
DINNER ORDER FORM　NO.
房号 Room No. | 姓名 Name | 国籍 Nationality
酒家 Name of restaurant
用膳日期时间 Date&Time
人数 Persons | 台数 Tables
每人（台）标准 Price for each Person(table)
有何特殊要求 Special Preferences Price
处理情况 | 酒家承办人：
经手人：
年　月　日

图 5-26　上机练习 2 效果图

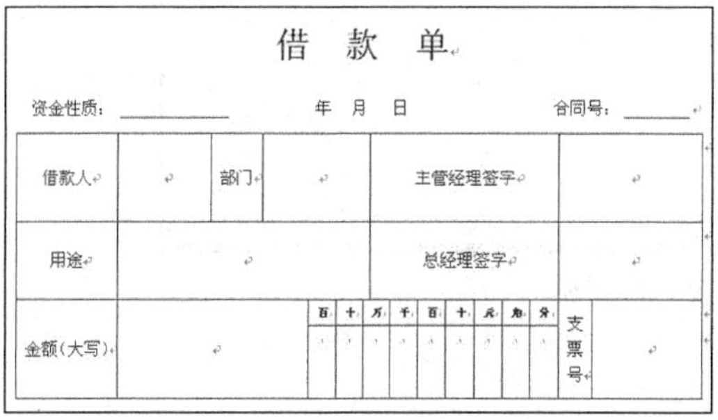

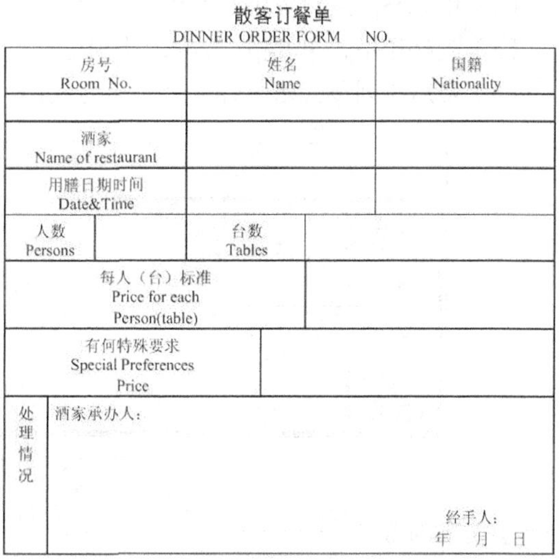

上机练习 3

新建 Word 文档，文件保存为"上机练习 3.docx"，保存至 F 盘的"姓名文件夹"下。

按要求建立表格。最终效果如图 5-27 所示。

（1）插入一个 5 行 5 列的表格。

（2）设置列宽为 3 厘米，行高为 0.9 厘米。

（3）在第 1 行第 1 列单元格中添加一绿色（标准色）、0.75 磅、单实线、左上右下的对角线；将第 1 列 3 至 5 行单元格合并；将第 4 列中第 3、4、5 行单元格均拆分为 2 列。

（4）为表格设置样式为"白色，背景 1，深色 15%"的底纹。

（5）表格外框线设置为 2.25 磅绿色（标准色）单实线，内框线设置为 1 磅蓝色（标准色）点划线。

（6）表格居中对齐，单元格内容水平居中对齐。

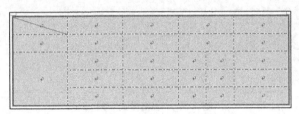

图 5-27 上机练习 3 效果图

上机练习 4

新建空白文档，制作下面的"学生情况表"表格，文件保存名为"上机练习 4.docx"，保存至 F 盘的"姓名文件夹"下。最终效果如图 5-28 所示。

操作要求：

（1）外框线：线型为"单实线"，颜色为"标准色"中的"红色"，线宽为"3 磅"。

（2）内框线：线型为"单实线"，颜色为"标准色"中的"浅蓝"，线宽为"0.5 磅"。

（3）第 1 列右框线及最后 1 列左框线：线型为"双实线"，颜色为"标准色"中的"浅蓝"，线宽为"0.5 磅"。

（4）单元格底纹设置为"茶色，背景 2，深色 10%"。

（5）表格居中，单元格内容水平居中。

（6）最后 1 列单元格内容文字方向为竖排。

学生情况表						
学号		班级		姓名		学生照片
性别		年龄		职务	寝室	
学校		电话				
基本情况						

图 5-28 上机练习 4 效果图

上机练习 5

（1）新建空白文档，输入如下文本，每个字段之间分隔符为"-"。

姓名-职称-工资-年龄

王芳-讲师-3500-30

李国强-副高-4500-40

张一鸣-正高-6000-50

付平-助教-2500-25

（2）将上面文本转换成5行4列的表格。

（3）设置表格样式为"中等深浅底纹2-强调文字颜色3"，并设置表格的行高为0.6厘米，列宽为3.2厘米，表格居中。

（4）文件保存为"上机练习5.docx"，保存至F盘的"姓名文件夹"。

上机练习6

打开"题库\模块五\练习\lx5-6.docx"，按下面要求完成操作。

（1）在表格右侧增加一列，输入列标题"平均成绩"，利用公式计算出左侧三门功课的平均成绩。

（2）按"平均成绩"列降序排列表格内容。

（3）设置表格居中，列宽为2.2厘米，行高为0.6厘米。

（4）表格第1行文字水平居中，其他各行中部右对齐。

（5）设置表格外框线为红色1.5磅双实线，内框线为绿色1磅单实线。

（6）文件保存为"上机练习6.docx"，保存至F盘的"姓名文件夹"。

上机练习7

打开"题库\模块五\练习\lx5-7.docx"，按下面要求完成操作。

（1）将文档提供的文字转换为6行3列的表格。

（2）设置表格的单元格内容"中部右对齐"。

（3）设置表格列宽为3厘米，行高为0.6厘米。

（4）表格样式采用内置样式"浅色列表-强调文字颜色3"。

（5）将表格内容按"商品单价"列降序进行排序。

（6）文件保存为"上机练习7.docx"，保存至F盘的"姓名文件夹"。

上机练习8

打开"题库\模块五\练习\lx5-8.docx"，按下面要求完成操作。

（1）在表格的下方增加两行，在这两行各自的第1个单元格中分别输入"最高""最低"，表格右侧增加一列，输入列标题"总工资"。

（2）在表格上方添加表格标题"职工工资表"，并设置为小三、加粗、居中对齐，字符间距设置为加宽2磅。

（3）设置第1列列宽为3厘米，其余各列列宽为2.5厘米，所有行行高为0.8厘米。

（4）设置所有单元格内容为小四，靠下居中对齐。

（5）表格外框线设置成蓝色（标准色），3磅，内框线为蓝色（标准色），1磅；为表格第1行添加"水绿色，强调文字颜色5，淡色60%"的底纹。

（6）设置单元格左、右边距为0.4厘米，表格居中对齐。

（7）将表格第2~5行按"总工资"列升序进行排序。

（8）文件保存为"上机练习8.docx"，保存至F盘的"姓名文件夹"。

模块六
图文混排

一、实训内容

1. 设置艺术字
2. 插入图片以及图片编辑、格式化等
3. 绘制图形
4. 使用文本框
5. 图文混排
6. 设置水印
7. 使用公式编辑器制作公式

二、操作实例

1. 操作要求

打开"题库\模块六\例题\实例 6-1"文章进行图文混排，达到如图 6-1 所示的样张效果。以"实例 6-1A"为文件名保存。

图 6-1　效果图

2. 操作步骤

（1）插入艺术字。

① 单击"插入"选项卡 → "文本"选项组中的"艺术字"按钮，在弹出的艺术字库列表中选择第1行第1列样式，单击"确定"按钮。如图6-2所示。

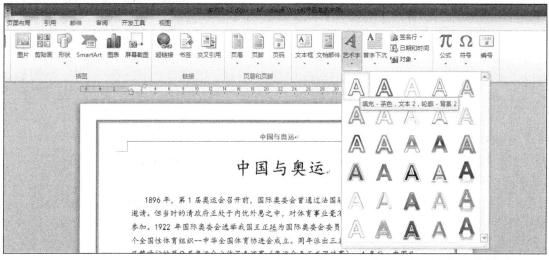

图6-2 艺术字库列表

② 在弹出的如图6-3所示的文本框中输入"中国与奥运"，选定"中国与奥运"，在"开始"选项卡 → "字体"选项组中设置字体为"宋体"，字号为"36"磅，得到如图6-4所示的艺术字的雏形。

图6-3 艺术字内容输入框　　　　　　　　图6-4 艺术字雏形

③ 选中艺术字，选择"绘图工具" → "格式"选项卡，在"艺术字样式"选项组中单击"文本填充"按钮 ▲· 中的下拉按钮，鼠标指向图6-5所示的下拉列表中的"渐变"命令，在"渐变"的子菜单中单击"其他渐变"命令，弹击如图6-6所示的对话框。在对话框中选择"渐变填充" → "预设颜色" → "雨后初晴"，单击"关闭"按钮，如图6-7所示。

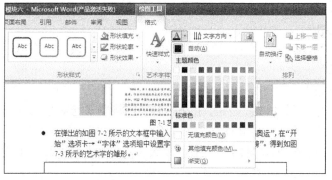

图6-5 "文本填充"下拉列表

图 6-6 "设置文本效果格式"对话框

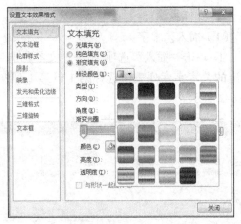
图 6-7 选择"雨后初晴"

④ 选中艺术字，选择"绘图工具"→"格式"选项卡，在"排列"选择组中单击"自动换行"按钮，在下拉表中将文字环绕方式设为"紧密型环绕"。如图 6-8 所示。

⑤ 选中艺术字，选择"绘图工具"→"格式"选项卡，在"艺术字样式"选项组中单击"文本效果"按钮，在下拉列表中选择"转换"，在子菜单中选择"波形 1"，如图 6-9 所示。再在"文本效果"的下拉列表中选择"阴影"，在子菜单中选择"右上对角透视"，如图 6-10 所示。

绘制形状

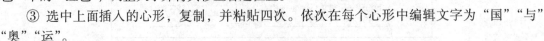

图 6-8 设置艺术字环绕方式　　　图 6-9 改变艺术字的形状

删除文章中原标题，按样文所示将艺术字放在合适的位置。

（2）插入自选图形。

① 单击"插入"选项卡，在"插图"选项组中单击"形状"按钮，在下拉列表中从"基本形状"中选择"心形"。鼠标指针变为十字形状，拖动画出心形。

② 在心形中添加文字"中"，选择"绘图工具"→"格式"选项卡，在"形状样式"组中单击"形状填充"按钮，在下拉列表中将填充色设为"标准色"中的"红色"，调整大小并将其移至合适位置。

插入 SmartArt 图形

③ 选中上面插入的心形，复制，并粘贴四次。依次在每个心形中编辑文字为"国""与""奥""运"。

④ 利用鼠标调整五个心形的位置，并单击"绘图工具"→"格式"选项卡→"排列"选项

组 → "对齐"按钮 → "左右对齐"命令将它们设置为"左右居中"对齐方式。（也可按 Ctrl+↑ 键和 Ctrl+↓ 键进行上下微调）。

⑤ 按住 Shift 键分别选中五个心形，单击鼠标右键弹出快捷菜单，选择"组合"菜单中的命令将它们组合。

插入图片和剪贴画

（3）插入图片。

将鼠标定位在合适位置，单击"插入"选项卡中"插图"选项组中的"图片"按钮，在弹出的"插入图片"对话框（见图 6-11）中选择"题库\模块六\例题\奥运.jpg"，即在文中插入了一张图片。选中该图片，选择"图片工具" → "格式"选项卡，在"排列"选项组中单击"自动换行"按钮，设置图片的环绕方式为紧密型。再单击"大小"选项组中右下角的剪头，弹出如图 6-12 所示的"布局"对话框，在对话框的"大小"选项卡中取消选中"锁定纵横比"复选框，并设置高度为 2.5 厘米，宽度为 3.5 厘米，单击"确定"按钮，如图 6-12 所示。

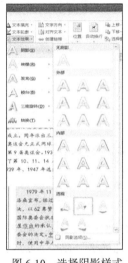

图 6-10　选择阴影样式

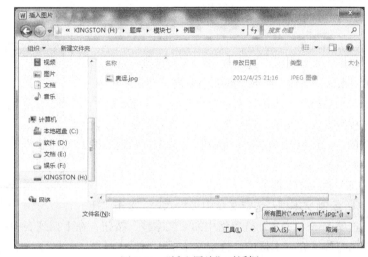

图 6-11　"插入图片"对话框

（4）插入数学公式。

将鼠标定位在文中最后一段，单击"插入"选项卡 → "文本"选项组 → "对象"按钮右侧的下拉按钮，在下拉表中单击"对象"命令，弹出"对象"对话框，如图 6-13 所示，在对话框中选择"新建"选项卡中的"Microsoft 公式 3.0"选项，单击"确定"按钮，然后输入图 6-14 中所示的公式。

图 6-12　"布局"对话框

图 6-13　"对象"对话框

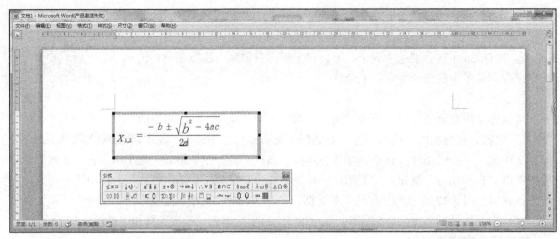

图 6-14　插入公式

（5）制作水印。

单击"页面布局"选项卡 → "页面背景"选项组中的"水印"按钮，在下拉列表中单击"自定义水印"命令，在弹出的"水印"对话框中选定"文字水印"单选按钮，在"文字"框中输入学生姓名及学号，设置颜色为"红色"，版式为"斜式"，单击"确定"按钮，如图 6-15 所示。

（6）插入文本框。

① 绘制文本框：选定文章中最后六段，单击"插

图 6-15　"水印"对话框

入"选项卡 → "文本"选项组中的"文本框"按钮，在下拉列表中单击"绘制文本框"命令，则所选内容放置在文本框中。选定文本框，选择"绘图工具" → "格式"选项卡，在"大小"选项组中设置文本框的高度为 3.5 厘米，宽度为 14 厘米，再在"形状样式"选项组中单击"形状轮廓"按钮，在下拉表中设置边框颜色为"浅蓝"，粗细为 3 磅，如图 6-16 所示。

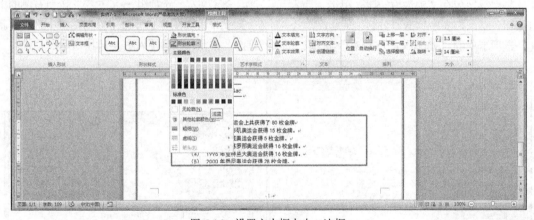

图 6-16　设置文本框大小、边框

② 填充效果：选中文本框，选择"绘图工具" → "格式"选项卡，单击"形状填充"按钮，在下拉列表中选择"纹理"，在子菜单中选择"水滴"，即在文本框中进行了形状填充，如图 6-17 所示。

③ 设置阴影：选中文本框，选择"绘图工具"→"格式"选项卡，单击"形状效果"按钮，在下拉列表中选择"阴影"，在子菜单中选择"右下斜偏移"，即设置了如样文所示的阴影。

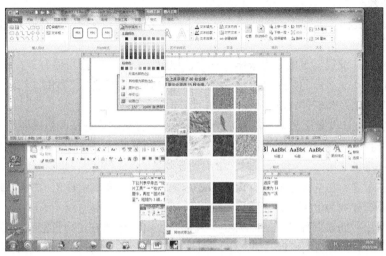

图 6-17　填充"水滴"纹理

三、上机练习

上机练习 1

打开"题库\模块六\练习\绿色旋律"，按图 6-18 所示的样张效果进行图文混排。

图 6-18　上机练习 1 效果图

操作要求：

（1）设置页面：设置页边距上为 2.8 厘米，下为 3 厘米，左为 3.2 厘米，右为 2.7 厘米；设置装订线为 1.4 厘米。

（2）在"绿色旋律"上加入一行，输入文字"素描 Movie"。在"——树叶音乐"左、右各加上字符"【""】"。

（3）字符格式：设置"素描"为宋体，一号，加粗，白色，字符间距为 2 磅。设置"Movie"为 Bookman Old Style，四号，倾斜，白色。设置"素描 Movie"底纹为"黑色，文字 1，淡色 25%"，设置"——树叶音乐"为楷体_GB2312，小二。

（4）段落格式化：设置正文第一段首字下沉 3 行。设置正文第一段段后间距为 12 磅；行距为 1.5 倍。设置"树叶"二字底纹为"深蓝，文字 2，淡色 60%"。

（5）分栏：将正文第 2、3 段分 2 栏，中间加分隔线；

（6）插入艺术字：将"绿色旋律"设置为艺术字，艺术字样式选择艺术字库列表中的第 3 行第 1 列；文字环绕方式为上下型；左右居中对齐。

（7）插入图片：插入图片"LEAF.WMF"到适当位置，环绕方式为紧密型；左右居中对齐。

（8）插入文本框：为正文最后一段文字，插入一个文本框，线条颜色为红色；填充效果为"渐变填充"，预设颜色为"雨后初晴"；阴影样式为内部向右；文字环绕方式为四周型。左右居中对齐。

（9）插入自定义图形：插入一个自选图形"前凸带形"，将"【——树叶音乐】"文字加入其内。

（10）插入页眉页脚：插入页眉"·树叶音乐·"，左对齐；插入样式为"空白（三栏）"的页脚，各栏内容依次为"作者：张三""日期：（当前日期）""页码：!"。

（11）插入脚注/尾注：在正文第一行的"树叶"右边插入尾注"树叶：是大自然赋予人类的天然绿色乐器"。

（12）制作文字水印"树叶音乐"。文字颜色为红色。

（13）在文章最后制作公式：

$$e^x = 1 + x + \frac{x^2}{2!} + \frac{x^3}{3!} + \cdots\cdots + \frac{x^n}{n!}$$

上机练习 2

打开"题库\模块六\练习\画鸟的猎人"，按图 6-19 所示的样张效果进行图文混排。

（1）设置页面：设置页边距上、下为 2.5 厘米，左、右为 3.2 厘米。

（2）设置艺术字：设置标题"画鸟的猎人"为艺术字，艺术字样式为艺术字库列表中的第 2 行第 3 列；字体为华文行楷，字号为 44 磅；形状为"桥形"；填充效果为"渐变填充"，预设颜色为"漫漫黄沙"；线条为浅蓝色实线；文字环绕方式为"上下型环绕"；对齐方式为"左右居中"。

（3）设置分栏：将正文除第一段外，其余各段为两栏格式，栏间距为 3 个字符，加分隔线。

（4）设置边框和底纹：为正文最后一段设置底纹，图案式样为 10%；为最后一段添加双波浪型边框。

（5）在样文所示位置插入图片"题库\模块六\练习\pic.bmp"；图片缩放为 110%，文字环绕方式为紧密型。

（6）脚注和尾注：为第二行"艾青"两字插入尾注"艾青：（1910-1996）现、当代诗人，浙江金华人。"。

（7）页眉和页脚：按样文添加页眉文字，插入页码，并设置相应的格式。

（8）绘制文本框：在文中底部绘制文本框，宽度为 14 厘米，高度为 4.5 厘米；上下型环绕；左右居中对齐；形状填充为"纹理"中的"水滴"；无轮廓。

（9）输入公式：在文本框中输入如下所示的公式。

$$\int_0^1 (2x+1)\mathrm{d}x = 2$$

$$\int (2x+1)\mathrm{d}x = x^2 + x + c$$

上机练习 3

打开"题库\模块六\练习\诗歌的由来"，按图 6-20 所示的样张效果进行图文混排。

（1）页面设置：自定义纸张宽度为 21 厘米，高度为 28 厘米；页边距为上、下各 2.5 厘米，左、右各 3 厘米。

（2）艺术字：标题"诗歌的由来"设置为艺术字，艺术字样式为艺术字库列表中的第 4 行第 3 列；填充效果为"渐变填充"，预设颜色为"红日西斜"；艺术字形状为"朝鲜鼓"；环绕方式为上下型；形状填充为"纹理"中的"蓝色面巾纸"；对齐方式为"左右居中"。

（3）分栏：将正文从第 2 段起至最后 1 段设置为两栏格式，预设样式为偏左，第 1 栏宽度为 12 字符，加分隔线。

（4）边框和底纹：为正文第 2 段设置底纹，图案样式为浅色棚架，颜色为浅蓝色；为正文第 1 段加上下框线，线型为双波浪线。

（5）图片：在样文所示位置插入图片"题库\模块六\练习\6-3.bmp"；图片缩放为 110%，文字环绕方式为紧密型。

（6）脚注和尾注：为正文第 2 段第 7 行"闻一多"添加双下划线，插入尾注："闻一多：（1899.11.24-1946.7.15）原名闻家骅，号友三，生于湖北浠水。"。

（7）页眉和页脚：按样文添加页眉文字，插入页码，并设置相应的格式。

（8）在标题艺术字两侧绘制如图 6-20 所示的图形。

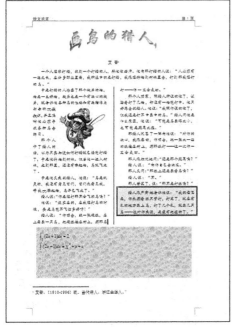

图 6-19　上机练习 2 效果图

图 6-20　上机练习 3 效果图

一、实训内容

1. 制作目录
2. 宏应用
3. 邮件合并
4. Word 与 Excel 信息交换

二、操作实例

实例Ⅰ：在 Word 文档中根据文章的章节自动生成目录

1. 操作要求

（1）根据给定的"操作实例 1_1.docx"中的章节内容，分别设置"标题 1""标题 2"和"标题 3"三级目录；

（2）利用 Word 创建目录功能，在文档首页自动生成目录，最终效果见"操作实例 1_2.docx"。

2. 具体操作步骤

（1）打开"题库\模块七\例题\操作实例 1_1.docx"，单击"开始"选项卡 → "样式"选项组右下角的箭头，调出"样式"任务窗格，如图 7-1 所示。在"样式"任务窗格中，单击"选项"按钮，打开"样式窗格选项"对话框，如图 7-2 所示。在"样式窗格选项"对话框中，把"选择要显示的样式"下拉列表中的"推荐的样式"改为"所有样式"，单击"确定"按钮。"样式"任务窗格中将会显示所有的样式，如图 7-3 所示。

创建目录

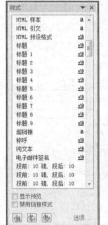

创建样式

修改样式

图 7-1 "样式"任务窗格　图 7-2 "样式窗格选项"对话框　图 7-3 更改后的"样式"任务窗格

（2）标题样式应用：先选取标题行（或将光标移到标题行中），然后在"样式"任务窗格列表中，单击"标题 1""标题 2"或"标题 3"样式中的一种，完成相应标题样式的应用。重复上述操作，将各标题样式分别应用到文中各个章节的标题上。例如：文中的一级标题"第一章 网线制作与检测"用"标题 1"定义，二级标题"1.1 实训目的"要用"标题 2"定义，而三级标题"1.3.1 认识双绞线及制作工具"需要用"标题 3"来定义。依此类推，其他各章节也这样定义，直到全文结尾，如图 7-4 所示。

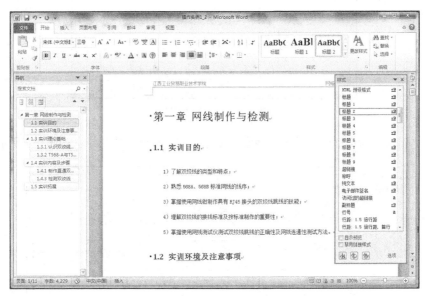

图 7-4　标题样式应用

（3）把光标移到文章最开头需要插入目录的空白位置（可先插入几个空行，并清除格式），单击"引用"选项卡→"目录"选项组中的"目录"按钮，在弹出的下拉列表中选择"插入目录"命令，如图 7-5 所示。在弹出的"目录"对话框中，选第二个选项卡"目录"，如图 7-6 所示。

图 7-5　"目录"下拉列表

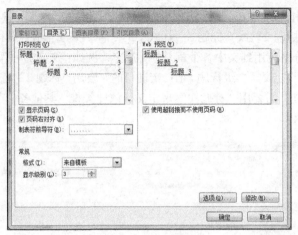

图 7-6 "目录"对话框

（4）在"目录"对话框中，单击"确定"按钮，完成自动生成目录，如图 7-7 所示。

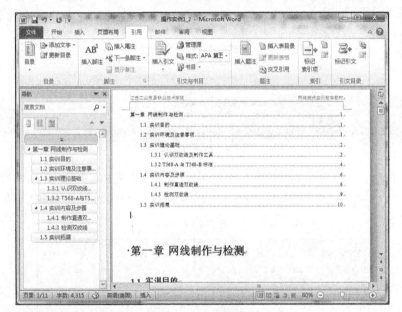

图 7-7 自动生成的目录

实例Ⅱ：巧用 Word 宏在文档中插入规范签名

1．操作要求

（1）在新创建的 Word 文档中，创建一个名为"word 规范签名宏"的宏；

（2）将创建的宏添加到"工具栏"中；

（3）为创建的新宏设置一个快捷键 Ctrl+Q；

（4）运行新创建的宏，便可在 Word 文档中快速添加签名信息（签名信息为"姓名：付金谋　地址：江西工贸学院　电话：83777993"）。

2．操作步骤

（1）步骤一：新建一个 Word 文档，单击"视图"选项卡 → "宏"选项组 → "宏"按钮下边的箭头，在弹出的菜单中选择"录制宏"命令，在"录制宏"对话框的"宏名"输入框中输入宏的名字"word 规范签名宏"，如图 7-8 所示。再单击"将宏指定到"中的"按钮"按钮，弹出"Word 选项"对话框，在列表框中选择"Normal.NewMacros. word 规范签名宏"，单击"添加"按钮，然后单击"确定"按钮退出，如图 7-9 所示。

（2）步骤二：此时 Word 界面中的光标旁会出现"录制宏"的小图标，将需要添加的签名详细录入，即"姓名：付金谋 地址：江西工贸学院 电话：83777993"。然后在"宏"选项组中"宏"按钮下的下拉菜单中单击"停止录制"命令，如图 7-10 所示（也可单击状态栏上的"停止录制"按钮）。在"快捷访问工具栏"中就有新创建的"Normal.NewMacros. word 规范签名宏"命令按钮了，这样签名宏就添加完毕了。

图 7-8 "录制宏"对话框

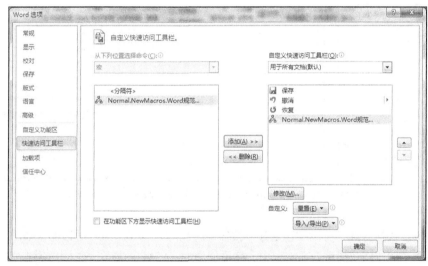

图 7-9 "Word 选项"对话框

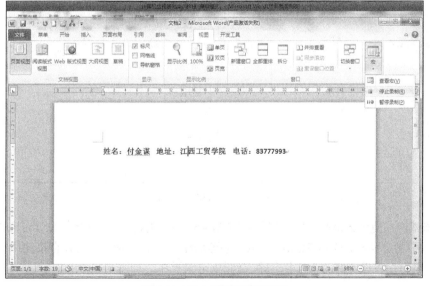

图 7-10 录入添加的详细签名

（3）步骤三：在"快速访问工具栏"中，单击"自定义快速访问工具栏"按钮，在下拉菜单中选择"其他命令"菜单项。在弹出的"Word 选项"对话框的列表中，选择"自定义功能区"，再在"从下列位置选择命令"下拉列表中选择"宏"，在"宏"列表中选择刚才录制好的宏名字，如图 7-11 所示。

图 7-11　"自定义快速访问工具栏"按钮与"Word 选项"对话框

单击"键盘快捷方式"旁的"自定义"按钮，弹出"自定义键盘"对话框，如图 7-12 所示。将光标切换到"请按新快捷键"文本框中，然后使用键盘的组合按键，输入快捷键"Ctrl+Q"，再单击"指定"，即可配置宏的快捷键了。

图 7-12　"自定义键盘"对话框

（4）步骤四：使用新录制的宏，当需要在 Word 文档中插入个人签名信息，可点击"快捷访问工具栏"中的"Normal.NewMacros.word 规范签名宏"命令按钮，或者直接使用快捷组合键 Ctrl+Q，即可自动将设置好的个人签名输入到 Word 文档中。如图 7-13 所示。

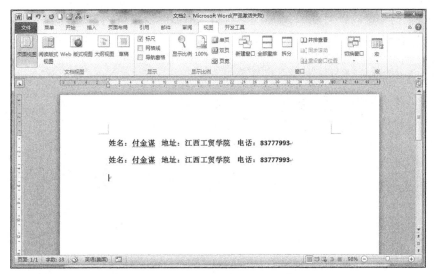

图 7-13 "word 规范签名宏"的使用

实例Ⅲ：使用 Word 邮件合并轻松批量打印学生奖状

1. 操作要求

（1）利用 Word 的邮件合并功能，将创建的学生获奖情况的 Excel 电子表格数据源，生成所有学生论文获奖的奖状文档；

（2）利用 Word 的邮件合并功能，生成所有学生运动会获奖的奖状文档。

2. 操作步骤

（1）步骤一：创建电子表格，在 Excel 表格中输入获奖人及获奖项目和名次等相关信息并保存为"操作实例 3.xlsx"，格式如图 7-14 所示。

图 7-14 奖状数据

（2）步骤二：打开 Word 2010 文字处理软件，单击"邮件"选项卡 → "开始邮件合并"选项组中的"开始邮件合并"按钮，在其下拉列表中选择"邮件合并分步向导"，向导启动后，在"邮件合并"任务窗格中可以看到"邮件合并分步向导"的第一步为"选择文档类型",这里我们采用默认的选择"信函",如图 7-15 所示。

图 7-15　启动"邮件合并分步向导"

（3）步骤三：单击任务窗格下方的"下一步：正在启动文档",进入"邮件合并分步向导"的第二步"选择开始文档"。由于我们当前的文档就是主文档,故采用默认的选择"使用当前文档",如图 7-16 所示。

图 7-16　选择开始文档

（4）步骤四：单击任务窗格下方的"下一步：选取收件人",进入"邮件合并分步向导"的第三步"选择收件人",如图 7-17 所示。单击"使用现有列表"区的"浏览"链接,打开"选取数据源"对话框,如图 7-18 所示。定位到奖状数据文件"操作实例 3.xlsx"的存放位置,选中它后单击"打开"。由于该数据源是一个 Excel 格式的文件,接着弹出"选择表格"对话框,数据存放在 Sheet1 工作表中,于是在 Sheet1 被选中的情况下单击"确定"按钮,如图 7-19 所示。接着弹出"邮件合并收件人"对话框,可以在这里选择哪些记录要合并到主文档,默认状态是全选。这里保持默认状态,单击"确定"按钮,如图 7-20 所示,返回 Word 编辑窗口,如图 7-21 所示。

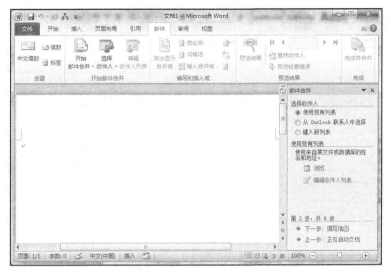

图 7-17　选择收件人

图 7-18　选取数据源

图 7-19　选择表格

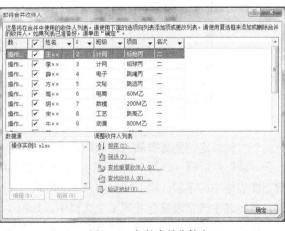

图 7-20　邮件合并收件人

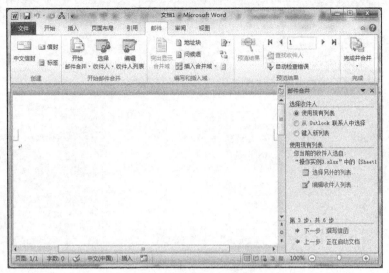

图 7-21　返回 Word 编辑窗口

（5）步骤五：单击"下一步：撰写信函"，进入"邮件合并分步向导"的第四步"撰写信函"。这个步骤是邮件合并的核心，因为在这里我们将完成把数据源中的恰当字段插入到主文档中的恰当位置的过程。

在主文档中输入奖状模板，将学校、班级、姓名、获奖类别和获奖名次等地方先空着，确保打印输出后的格式与奖状纸相符（如图 7-22 所示）

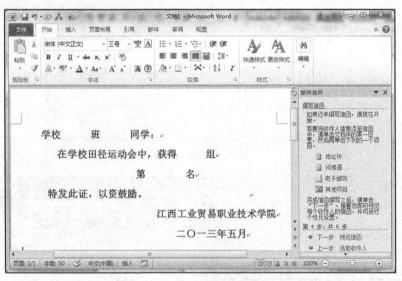

图 7-22　在主文档中输入奖状模板

先将鼠标定位到需要插入班级的地方，接着单击任务窗格中的"其他项目"链接，打开"插入合并域"对话框，如图 7-23 所示。"数据库域"单选框被默认选中，"域"下方的列表中出现了数据源表格中的字段。接下来我们选中"班级"，单击"插入"按钮后，关闭"插入合并域"对话框，数据源中该字段就合并到了主文档中，如图 7-24 所示。

用同样的方法可以完成"姓名""项目""名次"等域的插入，如图 7-25 所示。

图 7-23 插入合并域

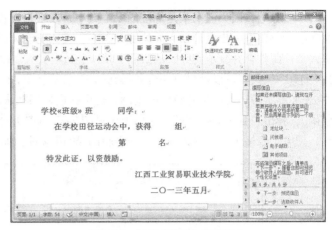

图 7-24 完成"班级"域的插入

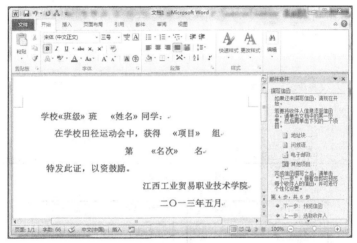

图 7-25 完成所有域的插入

（6）步骤六：单击"下一步：预览信函"链接，进入"邮件合并分步向导"第五步"预览信函"。首先可以看到刚才主文档中的带有《 》符号的字段，变成数据源表中的第一条记录信息的具体内容，单击任务窗格中的"<<"或">>"按钮可以浏览批量生成的其他信函，如图 7-26 所示。

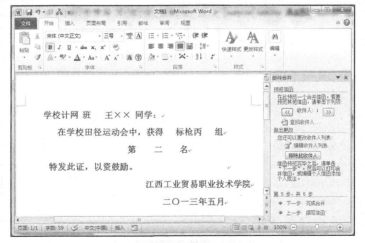

图 7-26 预览信函

（7）步骤七：因为证书不是标准的 A4 大小，在纸张设置上进一步调整，有的证书上面有固定文字的，还要进一步设计填空的位置和大小。确认正确无误之后，单击"下一步：完成合并"，就进入了"邮件合并分步向导"的最后一步"完成合并"，如图 7-27 所示。在这里单击"合并"区的"打印"链接就可以批量打印合并得到的 13 份奖状了，在弹出的"合并到打印机"对话框（见图 7-28 左图）中还可以指定打印的范围，这里我们采用默认的选择"全部"。也可单击"编辑单个信函"，弹出"合并到新文档"对话框（见图 7-28 右图），指定合并的范围，然后单击"确定"按钮，把电子表格中的所有记录生成一个新的 Word 文件，如图 7-29 所示。

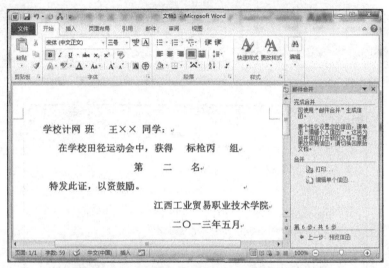

图 7-27　完成合并

图 7-28　"合并到打印机"与"合并到新文档"对话框

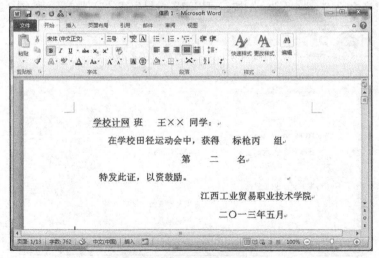

图 7-29　邮件合并生成新文档

三、上机练习

上机练习 1

利用 Word 的创建目录功能，为长文档自动生成目录。具体要求如下：

（1）打开素材"题库\模块七\练习\上机练习 1.docx"，分别设置"标题 1""标题 2"和"标题 3"三级目录，素材文档内容如图 7-30 所示；

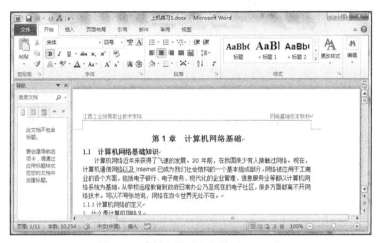

图 7-30　素材文档"上机练习 1.docx"

（2）利用 Word 的创建目录功能，在素材文档首页自动生成目录，最终效果如图 7-31 所示。

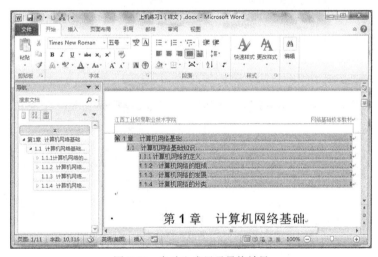

图 7-31　自动生成目录最终效果

上机练习 2

录制宏：利用 Word 宏在文档中插入"学校信息"规范签名，具体要求如下。

（1）创建一个名为"插入学校信息签名"的宏；

（2）将创建的宏添加到"工具栏"中；

（3）为创建的新宏设置一个快捷键 Ctrl+L；

（4）运行新创建的宏，便可在 Word 文档中插入学校信息签名（学校信息包括：校名、邮编和地址），如图 7-32 所示。

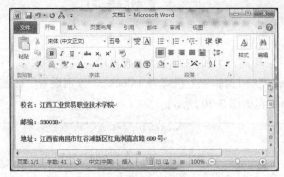

图 7-32　在文档中插入的学校信息签名

上机练习 3

邮件合并：利用 Word 的邮件合并功能批量打印学生论文奖状，具体要求如下。

（1）创建如图 7-33 所示的 Excel 数据源和如图 7-34 所示的主文档。

图 7-33　学生论文获奖数据

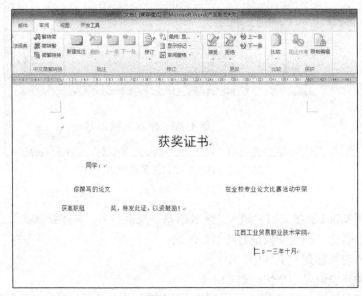

图 7-34　主文档

（2）利用 Word 的邮件合并功能，生成所有学生论文获奖的奖状文档，如图 7-35 和图 7-36 所示。

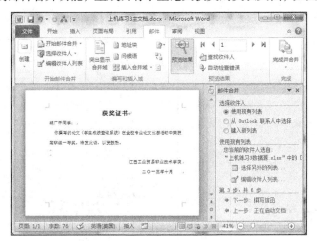

图 7-35　单张证书浏览效果

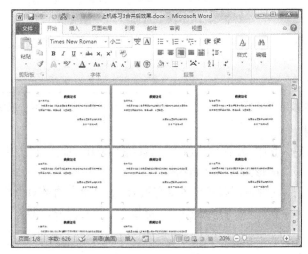

图 7-36　生成所有学生论文证书新文档效果

上机练习 4

长文档排版：打开素材"题库\模块七\练习\上机练习 2.docx"，按以下要求对文档进行排版。

（1）对论文封面进行排版，参考效果如图 7-37 所示。

（2）用样式对全文进行排版。

① 创建样式"AA"，格式要求为宋体、小四号字，单倍行距，首行缩进 2 个字符。对正文使用该样式。

② 创建样式"BB"，格式要求为黑体、三号字、加粗，1.5 倍行距，段前间距为 1 行，段后间距为 0.5 行，居中对齐，另起一页（新的一章总是从新的一页开始）。对章标题（如"第一章　引言""参考文献"）使用该样式。

③ 创建样式"CC"，格式要求为黑体、四号字、加粗，1.5 倍行距，段前间距为 0.5 行，段后间距为 0.5 行。对节标题（如"1.1 选题背景与研究意义"）使用该样式。

④ 创建样式"DD"，格式要求为黑体、小四号字、加粗，1.5 倍行距，段前间距为 0.5 行。对小节标题（如"2.1.1 全球价值链理论的发展历程"）使用该样式。

（3）为论文制作目录。

参考效果如图 7-38 所示。

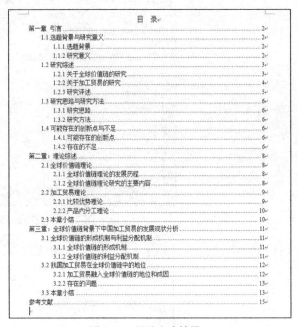

图 7-37　封面排版效果　　　　　　　　　　图 7-38　目录生成效果

（4）页面格式要求。

① 为论文设置页码，其中封面没有页码，目录用"I，II，III，…"的形式从 I 开始编号，正文用"-1-，-2-，-3-，…"的形式从 1 开始编号。

② 为论文添加页眉，其中封面和目录页没有页眉，正文部分奇数页页眉和偶数页页眉分别是"江西工业贸易职业技术学院"和"毕业论文"。奇数页页眉左对齐，偶数页页眉右对齐。

上机练习 5

打开素材"题库\模块七\练习\上机练习 3.docx"，并利用其中的图片素材排出如图 7-39 所示的宣传广告。

图 7-39　宣传广告效果

1. 工作表的基本操作

（1）Excel 2010 文档的新建、保存、打开和关闭

（2）单元格的选定

（3）单元格中数据的输入和填充

2. 工作表的编辑操作

（1）单元格数据的编辑、复制、移动、插入和删除

（2）工作表的插入、删除、移动和复制

3. 工作表的格式化

（1）设置字符格式

（2）设置数字格式

（3）设置日期和时间格式

（4）设置行高与列宽

（5）设置对齐方式

（6）设置文本方向

（7）合并单元格

（8）设置边框、底纹与图案

（9）设置条件格式

（10）设置套用表格格式

4. 工作簿的管理

（1）工作表的重命名

（2）工作表的选定、插入、移动、复制、分割、隐藏和恢复

（3）工作簿和工作表的保护

实例Ⅰ：工作表的编辑

1. 操作要求

打开"题库\模块八\例题\操作实例Ⅰ"，如图 8-1 所示，并完成以下操作。

（1）在标题行下方插入一行，设置行高为 9.00。

（2）将"工程测量"一列与"城镇规划"一列位置互换。

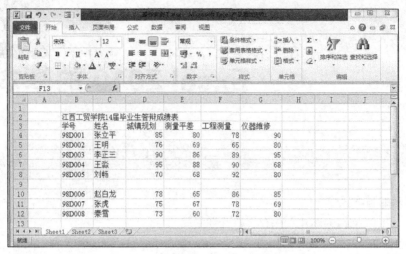

图 8-1　样表

（3）删除"98D005"行下方的一行（空行）。

（4）为"95"单元格（G7、F8）插入批注">=95 被评为优秀"。

（5）将 Sheet1 工作表重命名为"江西工贸 14 届毕业答辩成绩"。

设置数据有效性

2. 涉及内容

（1）工作表的制作。

（2）单元格数据的编辑。

3. 具体操作步骤

（1）选中第 3 行，单击"开始"选项卡 → "单元格"选项组中的"插入"按钮，在打开的插入列表中单击"插入工作表行"命令，如图 8-2 所示，即可插入新行。选定插入的新行，单击"开始"选项卡 → "单元格"选项组中的"格式"按钮，在打开的格式列表中单击"行高"命令，在弹出的"行高"对话框中输入"9.00"，单击"确定"，如图 8-3 所示。

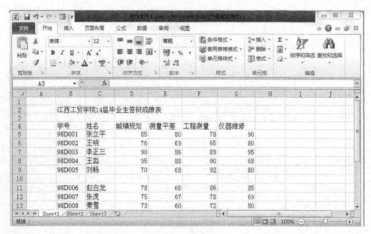

图 8-2　插入行

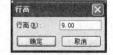

图 8-3　设置行高

（2）选定"工程测量"一列，在选定的区域内单击鼠标右键，选择"剪切"命令；再选定"城镇规划"列，在选定的区域内单击鼠标右键，选择"插入剪切的单元格"命令，再选定"城镇规划"列，按住 Shift 键，拖动列的边框移动到"测量平差"列后，即与"测量平差"列互换，如图 8-4 所示。

（3）选定"98D005"下方的一行（空行），单击鼠标右键，选择"删除"命令；或是单击"开始"选项卡 → "单元格"选项组中的"删除"按钮，在打开的删除列表中单击"删除工作表行"命令，如图 8-5 所示。

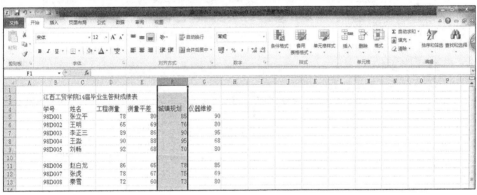

图 8-4　移动列

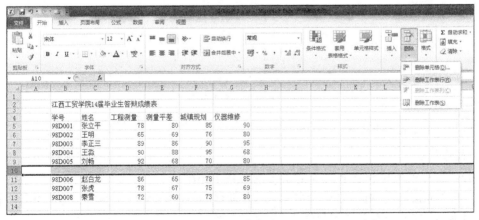

图 8-5　删除行

（4）选定要插入批注的单元格（G7），单击"审阅"选项卡 → "批注"选项组中的"新建批注"按钮（或单击鼠标右键，在弹出的菜单中选择"插入批注"命令），输入批注文字">=95 被评为优秀"，如图 8-6 所示。同样为 F8 单元格插入相同的批注。

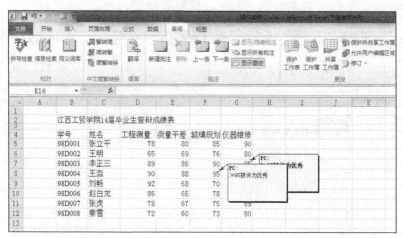

图 8-6　插入批注

（5）双击"Sheet1"，输入"江西工贸 14 届毕业答辩成绩"，如图 8-7 所示。

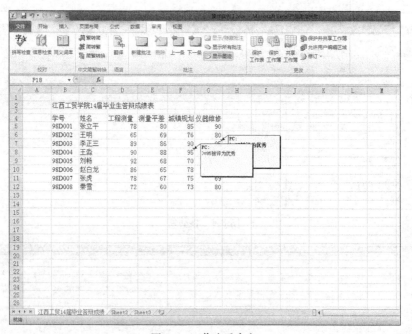

图 8-7　工作表重命名

实例Ⅱ：工作表的格式化

1. 操作要求

打开"题库\模块八\例题\操作实例Ⅱ"，完成以下操作。

（1）将单元格区域"B2：G2"合并并设置单元格对齐方式为居中；设置字体为隶书，字号为 20 磅，字形为加粗，字体颜色为绿色；设置底纹为黄色。

（2）将单元格区域"B3：G10"的对齐方式设置为水平居中；设置字体为华文楷体，字号为 14 磅，字体颜色为紫色；设置图案颜色为"白色，背景 1，深色 35%"，样式为"25%灰色"。

（3）设置单元格区域"D4：G10"的数字为货币格式，货币符号为"¥"。

（4）将单元格区域"B3：G10"的外边框线设置为蓝色的粗实线，内边框线设置为红色的细虚线。

2. 涉及内容

工作表的格式化。

3. 具体操作步骤

（1）选定单元格区域"B2：G2"，单击"开始"选项卡→"对齐方式"选项组中的"合并后居中"按钮，在合并后的单元格上单击鼠标右键，在快捷菜单中选择"设置单元格格式"命令，在弹出的"设置单元格格式"对话框的"字体"标签中将字体设置为隶书，字号为20磅，字形为加粗，字体颜色为绿色，在"设置单元格格式"对话框"填充"标签中，选择"背景色"为黄色，单击"确定"按钮，如图8-8所示。

（2）选定单元格区域"B3：G10"，单击"开始"选项卡→"对齐方式"选项组中的"居中"按钮。单击"开始"选项卡→"单元格"选项组→"格式"按钮，在弹出的下拉菜单中选择"设置单元格格式"命令，打开"设置单元格格式"对话框，在"字体"标签中将字体设置为华文行楷，字号为14磅，字体颜色为紫色。在"填充"标签中，选择"图案颜色"为"白色，背景1，深色35%"，"图案样式"为"25% 灰色"，如图8-9所示。

图8-8　设置对齐方式

图8-9　设置单元格格式

（3）选定单元格区域"D4：G10"，右击该区域，在弹出的菜单中选择"设置单元格格式"命令，打开"设置单元格格式"对话框，在"数字"标签中，选择分类为"货币"，货币符号为"¥"，如图8-10所示。

图8-10　设置为"货币"格式

（4）选定单元格区域"B3：G10"，按前述方法打开"设置单元格格式"对话框，单击"边框"标签。选择线条样式为"粗实线"，颜色为"蓝色"，点击"外边框"按钮；再选择线条样式为细虚线，颜色为"红色"，点击"内部"按钮，即给表格添加了边框，如图8-11所示。最终效果如

图 8-12 所示。

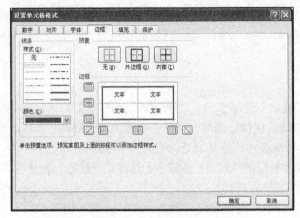

图 8-11　设置边框　　　　　　　　　　　　图 8-12　最终结果

实例Ⅲ：条件格式、自动套用格式

1. 操作要求

打开"题库\模块七\例题\操作实例Ⅲ"，完成以下操作。

（1）利用条件格式，将"F3：F10"单元格区域数值大于 10 000 的字体设置为"红色文本"。

（2）利用"样式"对话框自定义"表标题"样式，包括："数字"为通用格式，"对齐"为水平居中和垂直居中，"字体"为华文彩云，字号为 11 磅，"边框"为左、右、上、下边框，"背景色"为浅绿色，设置"A1：F1"单元格区域合并后为"表标题"样式。

（3）设置单元格区域"A2：F10"套用表格格式"表样式中等深浅 6"。

2. 涉及内容

（1）设置条件格式。

（2）使用样式。

（3）设置自动套用格式。

设置条件格式

3. 具体操作步骤

（1）选定单元格区域"F3：F10"，单击"开始"选项卡→"样式"选项组中的"条件格式"按钮，在打开的条件格式列表中单击"突出显示单元格规则"的子菜单中的"大于"命令，打开"大于"对话框，在"大于"对话框中输入"10000"，设置为"红色文本"，单击"确定"按钮，如图 8-13 所示。

（2）选定单元格区域"A1：F1"，单击"开始"选项卡→"样式"选项组中的"单元格样式"按钮，在打开的单元格样式列表中单击"新建单元格样式"

图 8-13　设置条件格式

命令，打开"样式"对话框，如图 8-14 所示。在"样式"对话框的"样式名"栏内输入"表标题"，单击"格式"按钮，打开"设置单元格格式"对话框。在"设置单元格格式"对话框中单击"数字"标签，在"分类"中选择"常规"；单击"对齐"标签，在"文本对齐方式"中选择"水平对齐"为"居中"，"垂直对齐"为居中；单击"字体"标签，设置"字体"为华文彩云；单击"边框"标签，在"预置"中选择"外边框"；单击"填充"标签，将"背景色"设置为"浅绿"，单击"确定"按钮，如图 8-15 所示。再单击"开始"选项卡→"样式"选项组→"单元格样式"按钮，在下拉菜单的"自定义"中选择"表标题"样式即可完成设置，如图 8-16 所示。

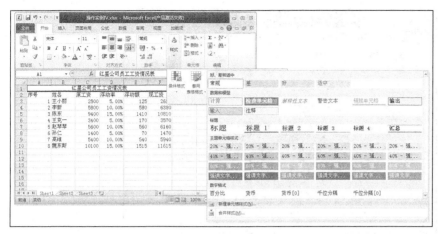

拆分工作表

图 8-14　打开"样式"对话框

图 8-15　设置"样式"对话框

图 8-16　"表样式"设置结果

（3）选定单元格区域"A2：F10"，单击"开始"选项卡 → "样式"选项组中的"套用表格格式"按钮，在打开的套用表格格式列表中选择"表样式中等深浅 6"，单击"确定"按钮，如图 8-17 所示。最终结果如图 8-18 所示。

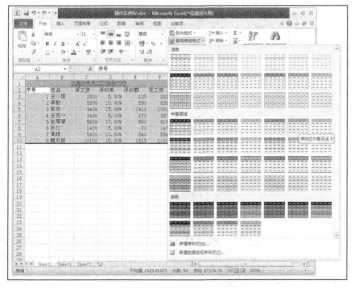

套用表格格式

图 8-17　设置表格套用格式

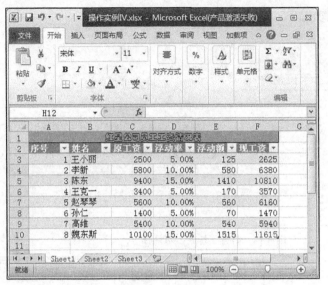

图 8-18　最终结果

三、上机练习

上机练习 1

打开"题库\模块七\练习\上机练习 1",如图 8-19 所示,并完成以下操作。

（1）在标题行的下方插入一行,行高为 6。

（2）将"郑州"一行移至"商丘"一行的上方。

（3）删除第"G"列（空列）。

（4）为"0"单元格（C7）插入批注"该季度没有进入市场"。

（5）将 Sheet1 工作表重命名为"销售情况表"。

冻结窗格

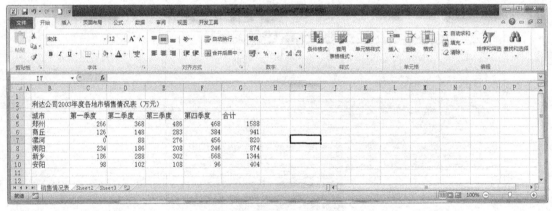

图 8-19　上机练习 1 结果图

上机练习 2

打开"题库\模块八\练习\上机练习 2",完成下列操作并保存。最终效果如图 8-20 所示。

（1）将单元格区域"B2：I2"合并并设置单元格对齐方式为居中;设置字体为华文彩云,字号为 18 磅,加粗,字体颜色为深蓝;设置橙色的底纹。

（2）将单元格区域"B3：I3"对齐方式设置为水平居中；设置字号为14磅，字体颜色为深红色；设置底纹为"紫色，强调文字颜色4"。

（3）设置"G4：G10"单元格区域的数字为货币格式，使用货币符号"¥"。设置单元格区域"H4:H10"的数字为数值格式，保留两位小数

（4）设置"I4:I10"单元格区域的数字为日期格式样式为"年-月-日"。

（5）将单元格区域"B4：I10"的对齐方式设置为水平居中；字体颜色设置为白色，设置深蓝色的底纹。

（6）将单元格区域"B3：I10"的外边框线设置为红色实线，表格标题行的上下边框线设置为黄色粗实线，内边框线设置为红色的细虚线。

（7）将Sheet1重命名为"公司订货单"。

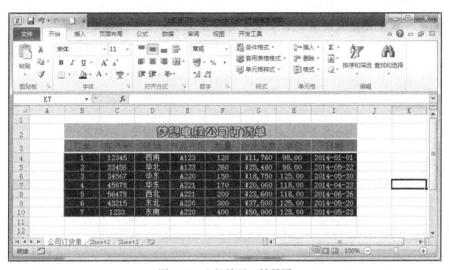

图8-20　上机练习2结果图

上机练习3

打开"题库\模块八\练习\上机练习3"，完成下列操作并保存。最终效果如图8-21所示。

（1）将单元格区域"B2：E2"合并及居中；设置字体为黑体，字号为14磅，字体颜色为深红；设置底纹为"橄榄色，强调文字颜色3，淡色40%"。

（2）将单元格区域"B3：E3"的对齐方式设置为水平居中；字体为华文行楷；设置浅蓝色的底纹。

（3）将单元格区域"B4：B10"的字体设置为华文新魏；设置底纹为"橙色，强调文字颜色6，淡色60%"。

（4）将单元格区域"C4：E10"的对齐方式设置为水平居中；字体为Times New Roman，字号为14磅；设置黄色的底纹。

（5）将单元格区域"B3：E10"的外边框线设置为紫色的粗实线，将内边框设置为红色的粗点画线。

图8-21　上机练习3结果图

（6）将 Sheet1 重命名为"第一季度销售情况统计表"。

上机练习 4

打开"题库\模块八\练习\上机练习 4"，完成下列操作并保存。最终效果如图 8-22 所示。

（1）将单元格区域"B2：I2"合并及居中；设置字体为宋体，字号为 20 磅，字体颜色为浅绿色；设置深蓝色的底纹。

（2）将单元格"B3"及其下方的"B4"单元格合并为一个单元格。

（3）将单元格区域"C3：G3"合并及居中。

（4）将单元格区域"B3：I15"的对齐方式设置为水平居中，垂直居中；设置黄色的底纹。

（5）将单元格区域"B3：I15"的外边框线设置为紫色的粗虚线，内边框线设置为蓝色的细虚线。

（6）将 Sheet1 重命名为"交通干线实测数据表"。

图 8-22 上机练习 4 结果图

上机练习 5

打开"题库\模块八\练习\上机练习 5"，完成下列操作并保存。最终效果如图 8-23 所示。

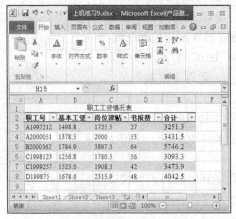

图 8-23 上机练习 5 结果图

（1）利用条件格式，将"合计"列大于等于5000的数字用红色文本显示。

（2）将"A2：E8"单元格区域格式设置为自动套用格式"表样式浅色1"。

上机练习6

打开"题库\模块八\练习\上机练习6"，完成下列操作并保存。最终效果如图8-24所示。

（1）利用条件格式中的"数据条"下的"蓝色数据条"渐变填充修饰"C3:C6"和"E3:E6"单元格数据区域。

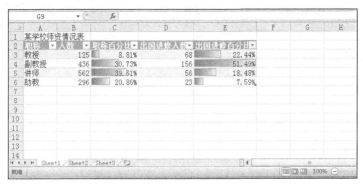

图8-24　上机练习6结果图

（2）将"A2：E6"单元格区域格式设置为自动套用格式"表样式中等深浅4"。

上机练习7

打开"题库\模块八\练习\上机练习7"，完成下列操作并保存。最终效果如图8-25所示。

（1）利用条件格式，将合计销量小于3000的数字的字体颜色设置为蓝色。

（2）将"A2：G9"单元格区域格式设置为自动套用格式"表样式浅色21"。

上机练习8

打开"题库\模块八\练习\上机练习8"，完成下列操作并保存。最终效果如图8-26所示。

（1）利用条件格式，将考取/分配回县比率小于等于40%的单元格底纹设置为浅红色。

（2）将"A2：D7"单元格区域格式设置为自动套用格式"表样式深色10"。

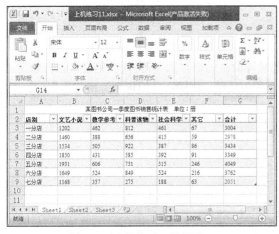

图8-25　上机练习7结果图

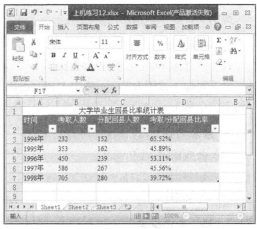

图8-26　上机练习8结果图

模块八　Excel 2010 的基本操作

模块九
公式与函数的应用

一、实训内容

1. 公式的使用
（1）相对引用
（2）绝对引用
（3）混合引用

2. 函数的使用
（1）SUM
（2）AVERAGE
（3）MAX
（4）MIN
（5）COUNT
（6）SUMIF
（7）COUNTIF
（8）RANK
（9）IF
（10）ABS

二、操作实例

实例Ⅰ：公式的使用

1. 操作要求

打开"题库\模块九\例题\操作实例Ⅰ"，计算每种商品的销售额（销售额=单价×销售数量）；计算总销售额（置于 D7 单元格中）和所占比例（所占比例=销售额/总销售额，格式为百分比型，保留 2 位小数）。

2. 涉及内容

（1）公式的输入。
（2）相对引用。
（3）绝对引用。

3. 具体操作步骤

（1）选中 D3 单元格，输入公式"=B3*C3"，然后按 Enter 键，即可计算出甲商品的销售额，将鼠标指针移动到 D3 单元格的右下角，当鼠标指针变成黑十字箭头时，按住鼠标左键向下拖动到 D6 单元格，然后放开鼠标左键，即可计算出其他商品的销售额，如图 9-1 所示。

（2）选中 D7 单元格，输入公式"=D3+D4+D5+D6"，然后按 Enter 键，计算出总销售额。

（3）选中 E3 单元格，输入公式"=D3/$D$7"，然后按 Enter 键，即可计算出甲商品的所占比例，将鼠标指针移动到 E3 单元格的右下角，当鼠标指针变成黑十字箭头时，按住鼠标左键向下拖动到 E6 单元格，然后放开鼠标左键，即可计算出其他商品的所占比例。选定单元格区域"E3：E6"，单击"开始"选项卡 → "数字"选项组右下角的箭头，打开"设置单元格格式"对话框，在"数字"标签中，选择分类为"百分比"，小数位数为"2"，如图 9-2 所示。

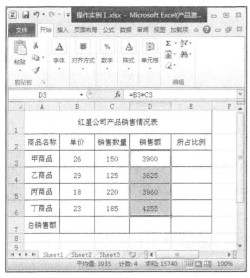

图 9-1 "销售额"计算结果图

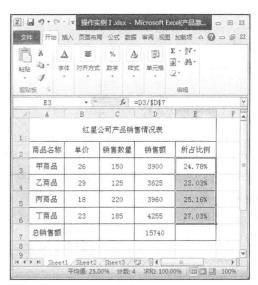

图 9-2 "所占比例"计算结果图

实例Ⅱ：公式的使用

1. 操作要求

打开"题库\模块九\例题\操作实例Ⅱ"，完成乘法表的编辑。

2. 涉及内容

（1）公式的输入。

（2）混合引用。

3. 具体操作步骤

（1）选择 B3 单元格，输入公式"=B$2*$A3"，然后按 Enter 键，计算结果显示在 B3 单元格中，如图 9-3 所示。

（2）将 B3 单元格中的公式复制到其他单元格中，即可完成乘法表的创建，如图 9-4 所示。

实例Ⅲ：SUM、AVERAGE、MAX、MIN 函数的使用

1. 操作要求

打开"题库\模块九\例题\操作实例Ⅲ"，计算总收入、平均月收入，并计算最高平均月收入（置于 H9 单元格中）和最低平均月收入（置于 H10 单元格中）。

2. 涉及内容

SUM、AVERAGE、MAX、MIN 函数的使用。

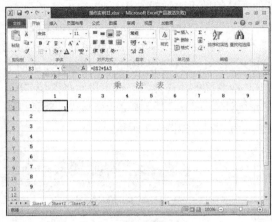 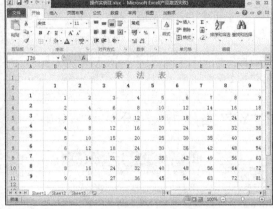

图 9-3 输入计算公式 图 9-4 "乘法表"计算结果图

3. 具体操作步骤

（1）选中 I3 单元格，单击"开始"选项卡 → "编辑"选项组中的"自动求和"按钮右边的下拉按钮，在打开的自动求和列表中单击"求和"命令，在编辑栏中将公式参数设置为"B3：G3"，按 Enter 键（或单击编辑栏上的"√"），即可求出 1 号家庭的总收入。将鼠标指针移动到 I3 单元格的右下角，当鼠标指针变成黑十字箭头时，按住鼠标左键向下拖动到 I8 单元格，然后放开鼠标左键，即可计算出其他家庭的总收入，如图 9-5 所示。

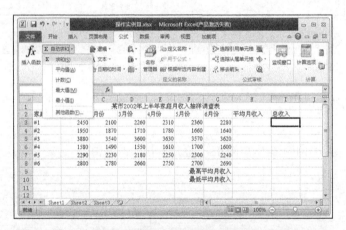

图 9-5 SUM 函数

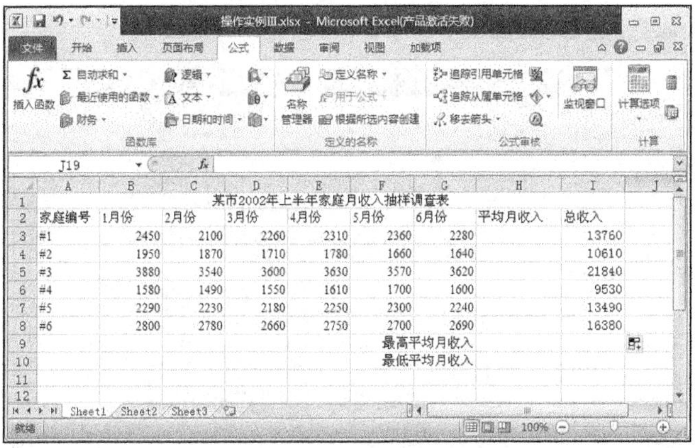

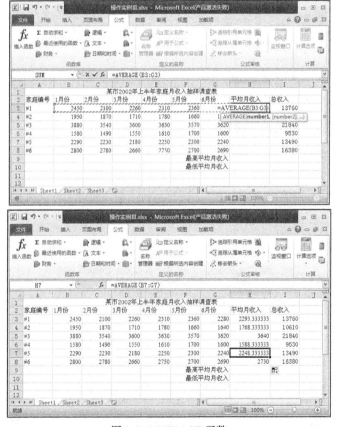

图 9-5　SUM 函数（续）

（2）选中 H3 单元格，单击"公式"选项卡 → "函数库"选项组中的"自动求和"按钮，在打开的自动求和列表中单击"平均值"命令，在编辑栏的公式中将参数设置为"B3：G3"，按 Enter 键，即可求出 1 号家庭的平均月收入。将鼠标指针移动到 H3 单元格的右下角，当鼠标指针变成黑十字箭头时，按住鼠标左键向下拖动到 H8 单元格，然后放开鼠标左键，即可计算出其他家庭的平均月收入，如图 9-6 所示。

图 9-6　AVERAGE 函数

（3）选中 H9 单元格，单击"公式"选项卡 → "函数库"选项组中的"自动求和"按钮，在打开的自动求和列表中单击"最大值"命令，在编辑栏的公式中将参数设置为"H3：H8"，按 Enter

键，即可求出最高平均月收入，如图 9-7 所示。

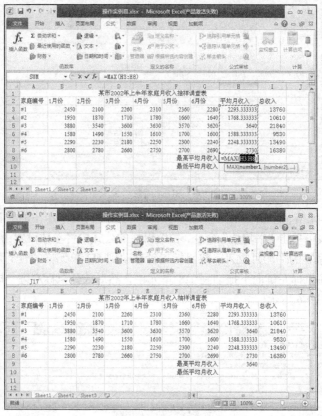

图 9-7 MAX 函数

（4）用同样的方法计算最低平均月收入，如图 9-8 所示。

实例Ⅳ：COUNT 函数的使用

1. 操作要求

打开"题库\模块九\例题\操作实例Ⅳ"，计算加班人数（使用 COUNT 函数）。

2. 涉及内容

COUNT 函数的使用。

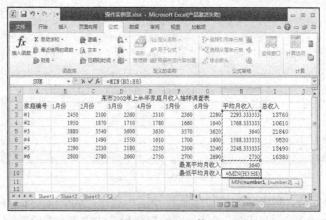

图 9-8 MIN 函数

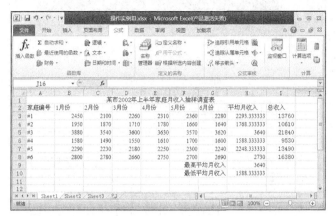

图 9-8　MIN 函数（续）

3. 具体操作步骤

（1）选中 C16 单元格，单击"公式"选项卡 → "函数库"选项组中的"自动求和"按钮，在打开的自动求和列表中单击"计数"命令，在编辑栏的公式中将参数设置为"C4：C15"，按 Enter键，即可求出 3 月 1 日的加班人数，如图 9-9 所示。

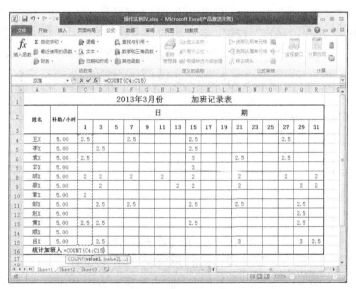

图 9-9　COUNT 函数

（2）将鼠标指针移动到 C16 单元格的右下角，当鼠标指针变成黑十字箭头时，按住鼠标左键向右拖动到 R16 单元格，然后放开鼠标左键，即可计算出每天的加班人数，如图 9-10 所示。

实例Ⅴ：SUMIF 函数的使用

1. 操作要求

打开"题库\模块九\例题\操作实例Ⅴ"，计算甲商品总销售额（使用 SUMIF 函数），置于 F3单元格中。

2. 涉及内容

SUMIF 函数的使用。

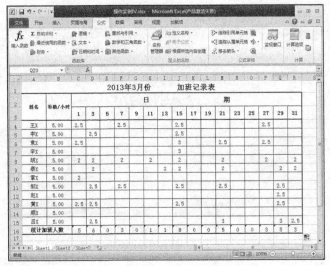

图 9-10　COUNT 函数结果图

3. 具体操作步骤

选中 F3 单元格，单击编辑栏上的"插入函数"按钮（"f_x"）（或单击"公式"选项卡 → "函数库"选项组中的"插入函数"按钮）。在弹出的"插入函数"对话框中，选择类别"常用函数"，选择函数"SUMIF"，单击"确定"按钮。在弹出的"函数参数"对话框中，按图 9-11 所示对参数进行设置，单击"确定"按钮，即可计算出甲商品总销售额，如图 9-12 所示。

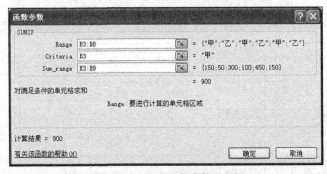

图 9-11　SUMIF 函数参数设置图

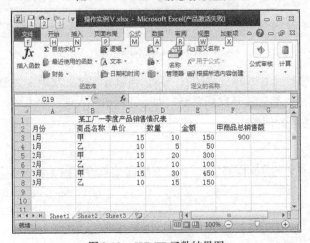

图 9-12　SUMIF 函数结果图

实例Ⅵ：COUNTIF 函数的使用

1. 操作要求

打开"题库\模块九\例题\操作实例Ⅵ"，计算女工人数（使用 COUNTIF 函数），置于 C11 单元格中。

2. 涉及内容

COUNTIF 函数的使用。

3. 具体操作步骤

选中 C11 单元格，单击编辑栏上的"插入函数"按钮（"f_x"），在弹出的"插入函数"对话框中，选择类别"全部"，选择函数"COUNTIF"，单击"确定"按钮。在弹出的"函数参数"对话框中，按图 9-13 所示对参数进行设置，单击"确定"按钮，即可计算出女工人数，如图 9-14 所示。

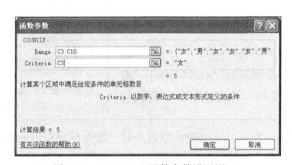

图 9-13 COUNTIF 函数参数设置图

图 9-14 COUNTIF 函数结果图

实例Ⅶ：RANK 函数的使用

1. 操作要求

打开"题库\模块九\例题\操作实例Ⅶ"，对各区销售额进行从高到低的排名（使用 RANK 函数）。

2. 涉及内容

RANK 函数的使用。

使用排名函数 RANK

3. 具体操作步骤

（1）选中 C3 单元格，单击编辑栏上的"插入函数"按钮（"f_x"），在弹出的"插入函数"对话框中，选择类别"全部"，选择函数"RANK"，单击"确定"按钮。在弹出的"函数参数"对话框中，按图 9-15 所示对参数进行设置，单击"确定"按钮，即可计算出海淀区连锁店的排名。

（2）将鼠标指针移动到 C3 单元格的右下角，当鼠标指针变成黑十字箭头时，按住鼠标左键向下拖动到 C17 单元格，然后放开鼠标左键，即可计算出其他连锁店的排名，如图 9-16 所示。

实例Ⅷ：ABS、IF 函数的使用

1. 操作要求

打开"题库\模块九\例题\操作实例Ⅷ"，求出实测值与预测值之间的误差的绝对值（使用 ABS

函数）；如果误差绝对值高于或等于 3，在"备注"列内给出信息"较高"，否则内容为空白（使用 IF 函数）。

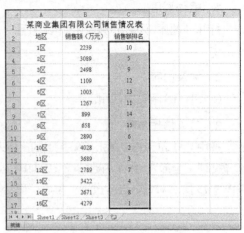

图 9-15　RANK 函数参数设置图　　　　　　图 9-16　RANK 函数结果图

2. 涉及内容

ABS、IF 函数的使用。

使用 IF 嵌套函数

3. 具体操作步骤

（1）选中 D3 单元格，单击编辑栏上的"插入函数"按钮（"f_x"），在弹出的"插入函数"对话框中，选择类别"全部"，选择函数"ABS"，单击"确定"按钮。在弹出的"函数参数"对话框中，按图 9-17 所示对参数进行设置，单击"确定"按钮，即可计算出 0 小时的误差绝对值。

（2）将鼠标指针移动到 D3 单元格的右下角，当指针变成黑十字箭头时，按住鼠标左键向下拖动到 D7 单元格，然后放开鼠标左键，即可计算出其他时间的误差绝对值，如图 9-18 所示。

（3）选中 E3 单元格，单击编辑栏上的"插入函数"按钮（"f_x"），在弹出的"插入函数"对话框中，选择类别"全部"，选择函数"IF"，单击"确定"按钮。在弹出的"函数参数"对话框中，按图 9-19 所示对参数进行设置，单击"确定"按钮，即可计算出 0 小时的备注。

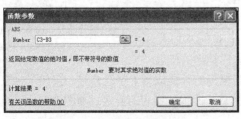

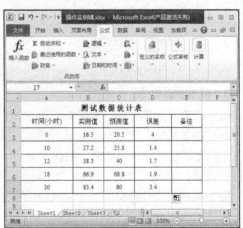

图 9-17　ABS 函数参数设置图　　　　　　图 9-18　ABS 函数结果图

（4）将鼠标指针移动到 E3 单元格的右下角，当鼠标指针变成黑十字箭头时，按住鼠标左键向下拖动到 E7 单元格，然后放开鼠标左键，即可计算出其他时间的备注，如图 9-20 所示。

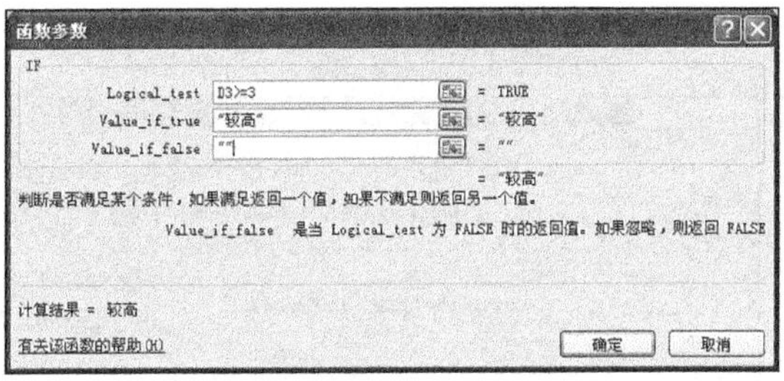

图 9-19　IF 函数参数设置图

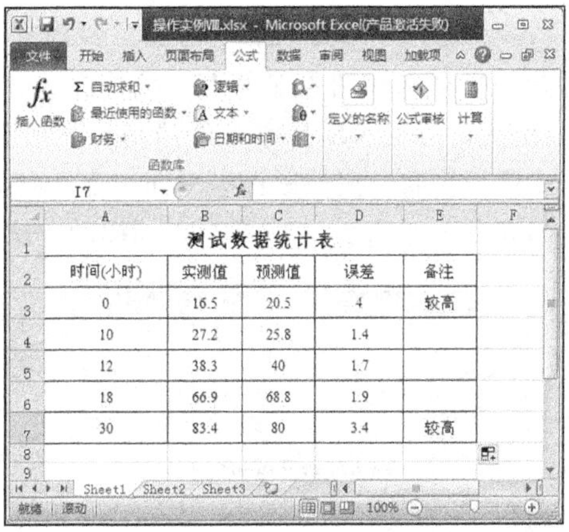

图 9-20　IF 函数结果图

实例Ⅸ：函数综合应用

1．操作要求

打开"题库\模块九\例题\操作实例Ⅸ"，计算总分和平均分（平均分保留 1 位小数）；计算各月考试的最高分和最低分（使用 MAX 和 MIN 函数）；计算班级人数、女生人数和男生人数（使用 COUNT 和 COUNTIF 函数）；计算女生平均分和男生平均分（使用 SUMIF 函数）；并按平均分降序排名（使用 RANK 函数）；如果平均分高于 500 分，在"备注"列给出信息"优秀"，否则内容为空白（使用 IF 函数）。

2．涉及内容

SUM、AVERAGE、MAX、MIN、COUNT、COUNTIF、SUMIF、RANK 和 IF 函数的使用。

3．具体操作步骤

（1）选中 G3 单元格，单击"公式"选项卡 → "函数库"选项组中的"自动求和"按钮，在打开的自动求和列表中单击"求和"命令，在编辑栏的公式中将参数设置为"C3：F3"，按 Enter 键，求出杜雷的总分。将鼠标指针移动到 G3 单元格的右下角，当指针变成黑十字箭头时，按住鼠标左键向下拖动到 G12 单元格，然后放开鼠标左键，即可计算出其他学生的总分，如图 9-21 所示。用同样的方法计算平均分，如图 9-22 所示。

图 9-21　SUM 函数结果图

图 9-22　AVERAGE 函数结果图

（2）选中 C13 单元格，单击"公式"选项卡 → "函数库"选项组中的"自动求和"按钮，在打开的自动求和列表中单击"最大值"命令，在编辑栏的公式中将参数设置为"C3：C12"，按 Enter 键，即可求出月考 1 的最高分。将鼠标指针移动到 C13 单元格的右下角，当鼠标指针变成黑十字箭头时，按住鼠标左键向右拖动到 F13 单元格，然后放开鼠标左键，即可计算出其他月考的最高分，如图 9-23 所示。用同样的方法计算最低分，如图 9-24 所示。

图 9-23　MAX 函数结果图　　　　　　　图 9-24　MIN 函数结果图

（3）选中 B15 单元格，单击"公式"选项卡 → "函数库"选项组中的"自动求和"按钮，在打开的自动求和列表中单击"计数"命令，在弹出的公式中将参数设置为"G3：G12"，按 Enter 键，即可求出班级人数，如图 9-25 所示。

（4）选中 B16 单元格，单击编辑栏上的"插入函数"按钮（"f_x"），在弹出的"插入函数"对话框中，选择类别"全部"，选择函数"COUNTIF"，单击"确定"按钮。在弹出的"函数参数"对话框中，按图 9-26 所示对参数进行设置，单击"确定"按钮，即可计算出女生人数。用同样的方法计算男生人数。

图 9-25　COUNT 函数结果图　　　　　　图 9-26　COUNTIF 函数结果图

（5）选中 B18 单元格，单击编辑栏上的"插入函数"按钮（"f_x"），在弹出的"插入函数"对话框中，选择类别"全部"，选择函数"SUMIF"，单击"确定"按钮。在弹出的"函数参数"对话框中，按图9-27所示对参数进行设置，单击"确定"按钮，计算出女生总平均分，再除以女生人数得出女生平均分。用同样的方法计算男生平均分。

图9-27　SUMIF函数结果图

（6）选中I3单元格，单击编辑栏上的"插入函数"按钮（"*fx*"），在弹出的"插入函数"对话框中，选择类别"全部"，选择函数"RANK"，单击"确定"按钮。在弹出的"函数参数"对话框中，按图9-28所示对参数进行设置，单击"确定"按钮，即可计算出杜雷的排名。将鼠标指针移动到I3单元格的右下角，当鼠标指针变成黑十字箭头时，按住鼠标左键向下拖动到I12单元格，然后放开鼠标左键，即可计算出其他学生的排名，如图9-28所示。

（7）选中J3单元格，单击编辑栏上的"插入函数"按钮（"*fx*"），在弹出的"插入函数"对话框中，选择类别"全部"，选择函数"IF"，单击"确定"按钮。在弹出的"函数参数"对话框中，按图9-29所示对参数进行设置，单击"确定"按钮，即可计算出杜雷的备注。将鼠标指针移动到J3单元格的右下角，当鼠标指针变成黑十字箭头时，按住鼠标左键向下拖动到J12单元格，然后放开鼠标左键，即可计算出其他学生的备注，如图9-29所示。

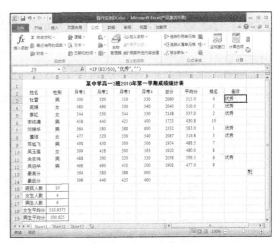

图9-28　RANK函数结果图　　　　　　图9-29　IF函数结果图

三、上机练习

上机练习 1

打开“题库\模块九\练习\上机练习 1”，计算“上月销售额”和“本月销售额”（销售额=单价×数量，数字为数值型，保留 0 位小数），计算“销售额同比增长”列的内容（同比增长=（本月销售额–上月销售额）/上月销售额，数字为百分比，保留 2 位小数），计算结果如图 9-30 所示。

产品销售情况统计表

产品型号	单价（元）	上月销售量	上月销售额（万元）	本月销售量	本月销售额（万元）	销售额同比增长
P-1	654	123	80442	156	102024	26.83%
P-2	1652	84	138768	93	153636	10.71%
P-3	1879	145	272455	178	334462	22.76%
P-4	2341	66	154506	131	306671	98.48%
P-5	780	101	78780	121	94380	19.80%
P-6	394	79	31126	97	38218	22.78%
P-7	391	105	41055	178	69598	69.52%
P-8	289	86	24854	156	45084	81.40%
P-9	282	91	25662	129	36378	41.76%
P-10	196	167	32732	178	34888	6.59%

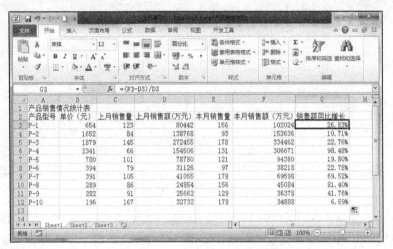

图 9-30　上机练习 1 结果图

上机练习 2

打开“题库\模块九\练习\上机练习 2”，计算“金额”列的内容（金额=数量×单价，数字为数值型，保留 1 位小数），如图 9-31 所示。

上机练习 3

打开“题库\模块九\练习\上机练习 3”，计算总分和平均分（保留 1 位小数），并计算各科成绩的最高分和最低分，如图 9-32 所示。

车辆加油卡

单价：6.35

车号	姓名	规格	单位	数量	金额
a009	李	97#	公升	50	317.5
a002	黄	97#	公升	60	381.0
a001	顾	97#	公升	70	444.5
a008	杨	97#	公升	80	508.0
a008	孙	97#	公升	80	508.0
a009	梁	97#	公升	40	254.0
a009	刘	97#	公升	46	292.1
a010	王	98#	公升	56	355.6
a011	汪	99#	公升	48	304.8
a012	付	100#	公升	60	381.0
a013	叶	101#	公升	65	412.8
a014	丁	102#	公升	55	349.3
a015	龙	103#	公升	49	311.2
a016	焦	104#	公升	53	336.6

图 9-31　上机练习 2 结果图

2002届计算机专业期中考试成绩统计表

学号	姓名	高等数学	数据结构	数据库	总分	平均分
s001	易海梅	88	98	89	275	91.7
s002	刘文静	100	98	100	298	99.3
s003	许伟	97	94	90	281	93.7
s004	张志宇	86	76	80	242	80.7
s005	徐飞	85	68	81	234	78.0
s006	王宏伟	95	89	86	270	90.0
s007	姚迪	87	75	68	230	76.7
s008	唐芸	94	84	94	272	90.7
s009	罗松涛	78	77	78	233	77.7
s010	赵俊辉	80	69	80	229	76.3
最高分		100	98	100		
最低分		78	68	68		

图 9-32　上机练习 3 结果图

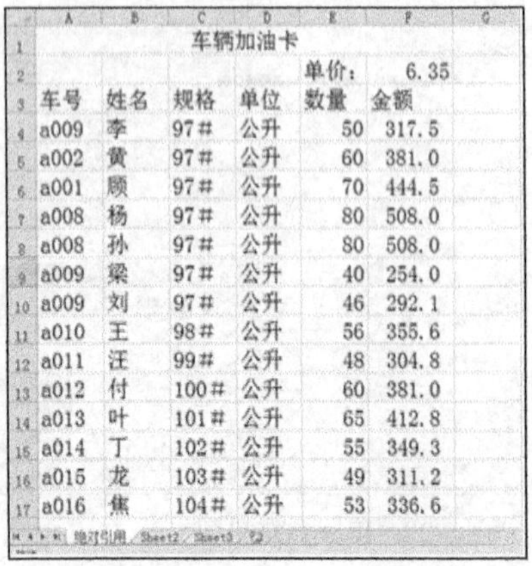

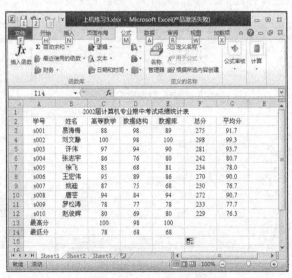

上机练习 4

打开“题库\模块八\练习\上机练习 4”，计算职工的平均工资并置于 F3 单元格内，计算工程师总工资并置于 F5 单元格内（使用 SUMIF 函数），计算职称为高级工程师、工程师和助理工程师的人数并置于“G7:G9”单元格区域内（使用 COUNTIF 函数），如图 9-33 所示。

上机练习 5

打开“题库\模块九\练习\上机练习 5”，计算工资总额，计算工程师的人平工资并置于 B12 单元格（使用 SUMIF 函数和 COUNTIF 函数），如图 9-34 所示。

	A	B	C	D	E	F	G
1				研发部人员情况表			
2	职工号	性别	年龄	职称	基本工资	职工平均工资	
3	s001	男	30	工程师	6300	5780	
4	s002	女	43	高级工程师	8100	工程师总工资	
5	s003	女	25	助理工程师	4550	19300	
6	s004	男	29	工程师	6500	职称	人数
7	s005	男	26	助理工程师	4500	助理工程师	5
8	s006	女	26	助理工程师	4450	工程师	3
9	s007	男	50	高级工程师	8500	高级工程师	2
10	s008	男	32	工程师	6500		
11	s009	男	27	助理工程师	4300		
12	s010	男	28	助理工程师	4100		
13							

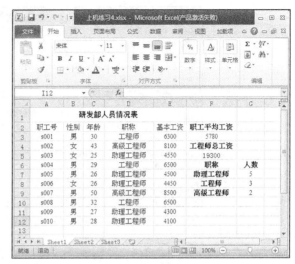

图 9-33 上机练习 4 结果图

上机练习 6

打开“题库\模块九\练习\上机练习 6”，计算实测值与预测值之间的误差的绝对值（使用 ABS 函数）。放置于“误差（绝对值）”列，评估预测准确度并填入“预测准确度”列，评估规则为：如果误差绝对值低于或等于实测值的 10%，预测准确度为“高”，如果误差绝对值大于实测值的 10%，预测准确度为“低”（使用 IF 函数），结果如图 9-35 所示。

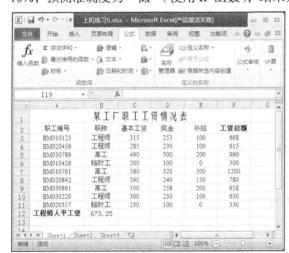

	A	B	C	D	E	F	G
1	某工厂职工工资情况表						
2	职工编号	职称	基本工资	奖金	补贴	工资总额	
3	BM010123	工程师	315	253	100	668	
4	BM020456	工程师	285	230	100	615	
5	BM030789	高工	490	300	200	990	
6	BM010426	临时工	200	100	0	300	
7	BM010761	高工	580	320	300	1200	
8	BM020842	工程师	390	240	150	780	
9	BM030861	高工	500	258	200	958	
10	BM030229	工程师	300	230	100	630	
11	BM020357	临时工	230	100	0	330	
12	工程师人平工资	673.25					
13							

图 9-34 上机练习 5 结果图

	A	B	C	D	E
1	放射性元素测试数据表				
2	时间（小时	实测值	预测值	误差（绝对值）	预测准确度
3	0	16.5	20.8	4.3	低
4	10	18.3	22.4	4.1	低
5	12	20.8	23.9	3.1	低
6	14	27.2	25.8	1.4	高
7	16	34.5	36.8	2.3	高
8	18	38.3	40.1	1.8	高
9	20	46.7	43.2	3.5	高
10	22	54.9	57.6	2.7	高
11	24	66.9	68.8	1.9	高
12	26	70.6	71.2	0.6	高
13	28	75.1	73.4	1.7	高
14	30	83.4	80.8	2.6	高
15					

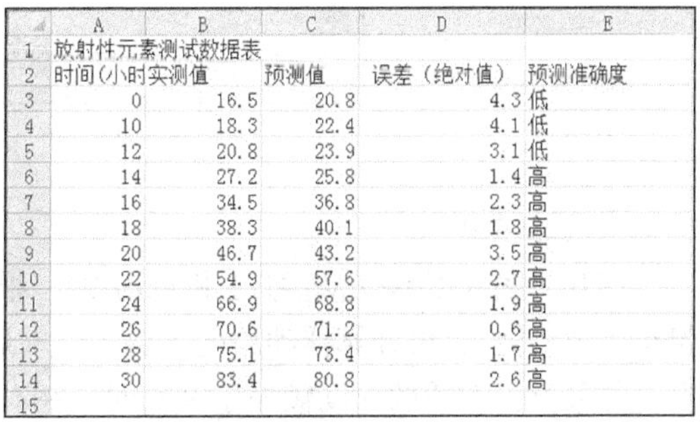

图 9-35 上机练习 6 结果图

上机练习 7

打开“题库\模块九\练习\上机练习 7”，计算总销售量（置于 J3 单元格内）和“所占比例”行内容（百分比型，保留 2 位小数）；按销售数量的降序计算地区排名（使用 RANK 函数），利用条件格式，“将 B5：I5”区域内排名前 3 位的字体颜色设置为蓝色，如图 9-36 所示。

上机练习 8

打开“题库\模块八\练习\上机练习 8”，计算“本月用数”（本月用数=本月抄数–上月抄数）和“实缴金额”（实缴金额=本月用数 × 实际单价），按实缴金额从低到高排“节水名次”（使用 RANK 函数），如图 9-37 所示。

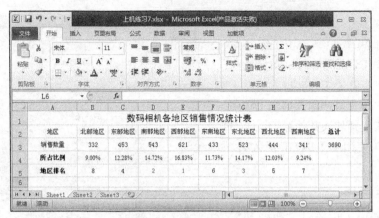

图 9-36　上机练习 7 结果图

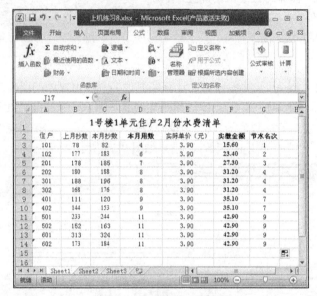

图 9-37　上机练习 8 结果图

上机练习 9

　　打开"题库\模块九\练习\上机练习 9"，根据提供的工资浮动率计算工资的浮动额（数值型，保留 1 位小数），再计算浮动后的工资（浮动后的工资=原来工资+浮动额），为"备注"列添加信息，如果员工工资的浮动额大于 800 元，在对应的"备注"列内填入"激励"，否则填入"努力"（使用 IF 函数），结果如图 9-38 所示。

	A	B	C	D	E	F	G
1	某部门人员浮动工资情况表						
2	序号	职工号	原来工资（元）	浮动率	浮动额（元）	浮动后工资（元）	备注
3	1	H089	6000	15.50%	930.0	6930.0	激励
4	2	H007	9800	11.50%	1127.0	10927.0	激励
5	3	H087	5500	11.50%	632.5	6132.5	努力
6	4	H012	12000	10.50%	1260.0	13260.0	激励
7	5	H045	6500	11.50%	747.5	7247.5	努力
8	6	H123	7500	9.50%	712.5	8212.5	努力
9	7	H059	4500	10.50%	472.5	4972.5	努力
10	8	H069	5000	11.50%	575.0	5575.0	努力
11	9	H079	6000	12.50%	750.0	6750.0	努力
12	10	H033	8000	11.60%	928.0	8928.0	激励
13							

图 9-38　上机练习 9 结果图

上机练习 10

打开"题库\模块九\练习\上机练习 10"，根据表中员工工资的组成，按学历和工龄计算每位员工的工资（员工工资=工资基数+工资涨幅×工龄）（利用 IF 函数），结果如图 9-39 所示。

	A	B	C	D	E	F	G	H	I
1	某公司员工工资的组成				员工姓名	学历	工龄	员工工资	
2	学历	工资基数	工资涨幅/年		A	大专	4	1600	
3	硕士	1500	500		B	硕士	4	3500	
4	本科	1300	300		C	本科	4	2500	
5	大专	1000	150		D	本科	3	2200	
6	中专	400	120		E	中专	4	880	
7					F	大专	4	1600	
8					G	中专	4	880	
9					H	本科	3	2200	
10					I	本科	4	2500	
11					J	硕士	4	3500	
12					K	大专	3	1450	
13					L	硕士	4	3500	
14					M	本科	4	2500	
15					N	大专	4	1600	
16					P	本科	3	2200	
17									

图 9-39　上机练习 10 结果图

上机练习 11

打开"题库\模块九\练习\上机练习 11"，计算平均分（保留 1 位小数），如果各科成绩有 1 的在"补考否"列显示"补考"，否则为空（利用 IF 函数和 COUNTIF 函数），如图 9-40 所示。

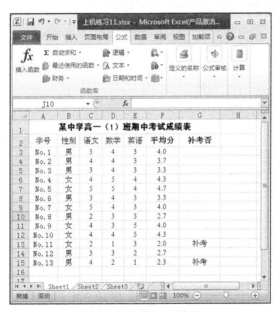

图 9-40　上机练习 11 结果图

上机练习 12

打开"题库\模块九\练习\上机练习 12"，计算总分和平均分（保留 1 位小数）；计算各次模拟考试的最高分和最低分（使用 MAX 和 MIN 函数）；计算平均成绩在 600 分以上的人数，置于 J3 单元格内（使用 COUNTIF 函数）；计算一组平均成绩，置于 J5 单元格内，二组平均成绩置于 J7 单元格内（保留 1 位小数，使用 SUMIF 函数和 COUNTIF 函数）；按平均成绩降序排名（使用 RANK 函数）；如果平均分高于 600 分，在"备注"列给出信息"优秀"，否则内容为空白（使用 IF 函数），如图 9-41 所示。

上机练习 13

打开“题库\模块九\练习\上机练习 13”，计算应扣合计（应扣合计=养老保险+医疗保险+失业保险+住房公积金）、工资合计（工资合计=应发工资−应扣合计）、实发工资（实发工资=工资合计−个人所得税−考勤扣款）；计算实发工资合计、最高工资和最低工资；计算男工人数置于 C14 单元格（使用 COUNTIF 函数）；计算财务部门实发工资置于 C15 单元格（使用 SUMIF 函数）；对实发工资按降序排名（使用 RANK 函数）；如果实发工资大于 2000 元，在备注列给出信息“较高”，否则内容空白（使用 IF 函数），如图 9-42 所示。

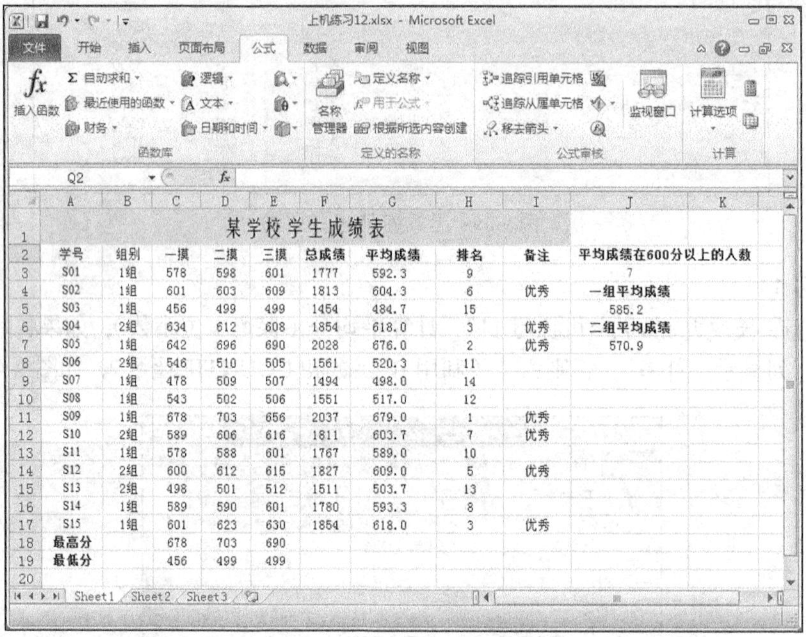

某学校学生成绩表

学号	组别	一摸	二摸	三摸	总成绩	平均成绩	排名	备注
S01	1组	578	598	601	1777	592.3	9	
S02	1组	601	603	609	1813	604.3	6	优秀
S03	1组	456	499	499	1454	484.7	15	
S04	2组	634	612	608	1854	618.0	3	优秀
S05	1组	642	696	690	2028	676.0	2	优秀
S06	2组	546	510	505	1561	520.3	11	
S07	1组	478	509	507	1494	498.0	14	
S08	1组	543	502	506	1551	517.0	12	
S09	1组	678	703	656	2037	679.0	1	优秀
S10	2组	589	606	616	1811	603.7	7	优秀
S11	1组	578	588	601	1767	589.0	10	
S12	2组	600	612	615	1827	609.0	5	优秀
S13	2组	498	501	512	1511	503.7	13	
S14	1组	589	590	601	1780	593.3	8	
S15	1组	601	623	630	1854	618.0	3	优秀
最高分		678	703	690				
最低分		456	499	499				

平均成绩在600分以上的人数
7
一组平均成绩
585.2
二组平均成绩
570.9

图 9-41　上机练习 12 结果图

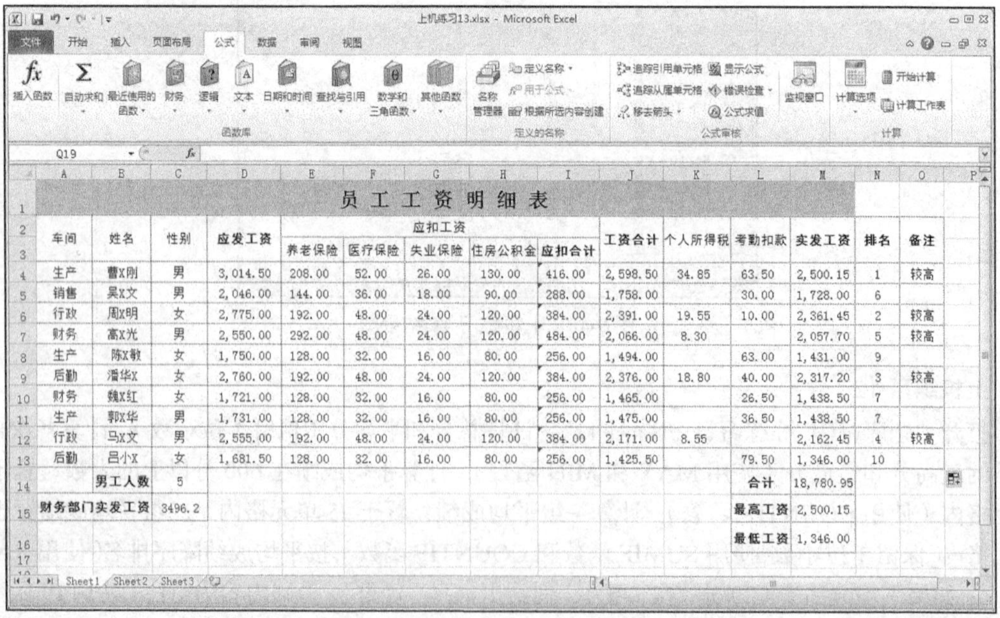

员工工资明细表

车间	姓名	性别	应发工资	应扣工资					工资合计	个人所得税	考勤扣款	实发工资	排名	备注
				养老保险	医疗保险	失业保险	住房公积金	应扣合计						
生产	曹X刚	男	3,014.50	208.00	52.00	26.00	130.00	416.00	2,598.50	34.85	63.50	2,500.15	1	较高
销售	吴X文	男	2,046.00	144.00	36.00	18.00	90.00	288.00	1,758.00		30.00	1,728.00	6	
行政	周X明	女	2,775.00	192.00	48.00	24.00	120.00	384.00	2,391.00	19.55	10.00	2,361.45	2	较高
财务	高X光	男	2,550.00	292.00	48.00	24.00	120.00	484.00	2,066.00	8.30		2,057.70	5	较高
生产	陈X敏	女	1,750.00	128.00	32.00	16.00	80.00	256.00	1,494.00		63.00	1,431.00	9	
后勤	潘华X	女	2,760.00	192.00	48.00	24.00	120.00	384.00	2,376.00	18.80	40.00	2,317.20	3	较高
财务	魏X红	女	1,721.00	128.00	32.00	16.00	80.00	256.00	1,465.00		26.50	1,438.50	7	
生产	郭X华	男	1,731.00	128.00	32.00	16.00	80.00	256.00	1,475.00		36.50	1,438.50	7	
行政	马X文	男	2,555.00	192.00	48.00	24.00	120.00	384.00	2,171.00	8.55		2,162.45	4	较高
后勤	吕小X	女	1,681.50	128.00	32.00	16.00	80.00	256.00	1,425.50		79.50	1,346.00	10	
	男工人数	5									合计	18,780.95		
财务部门实发工资		3496.2									最高工资	2,500.15		
											最低工资	1,346.00		

图 9-42　上机练习 13 结果图

一、实训内容

1. 创建图表
2. 编辑图表

二、操作实例

实例 I

1. 操作要求

打开"题库\模块十\工作表 10-1.xlsx",选取"A2:A6"和"C2:D6"单元格区域数据建立"簇状圆柱图",图表的标题为"销售数量统计图",分类轴(X 轴)为"型号",数值轴(Y 轴)为"销售量",图例位置为顶部。将工作表中"一月"列的数据添加到图表中,修改图表的类型为"簇状棱锥图",将图表插入到该工作表的"A8:G24"单元格区域。

2. 具体操作步骤

(1)选定工作表"A2:A6"和"C2:D6"单元格区域,如图 10-1 所示。选择"插入"选项卡,在功能区的"图表"命令组中单击"柱形图"图标,选择"簇状圆柱图",如图 10-2 所示。

⊿	A	B	C	D	E
1		销售数量统计表			
2	型号	一月	二月	三月	总和
3	A001	90	85	92	267
4	A002	77	65	83	225
5	A003	86	72	80	238
6	A004	67	79	86	232
7	总计	320	301	341	962

图 10-1　选择数据源

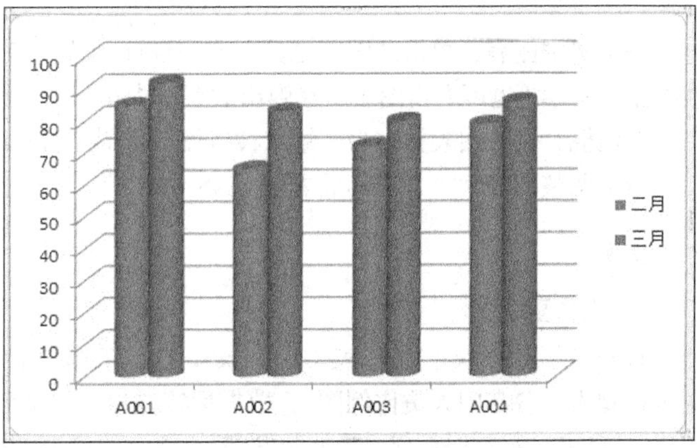

图 10-2　簇状圆柱图

(2)选中图表,单击"图表工具"→"布局"选项卡,在"标签"组中选择"图表标题",在弹出的下拉菜单中选择"图表上方"选项。输入图表标题"销售数量统计表",在"标签"组中选择"坐标轴标题"图标,在弹出的下拉菜单中选择"主要横坐标轴标题"中的"坐标轴下方标题"选项,输入标题名称为"型号"。同样,在"标签"组中选择"坐标轴标题"图标,在弹出的下拉菜单中选择"主要纵坐标轴"中的"横排标题"选项,输入标题名称为"销售量"。

（3）选中图表，单击"图表工具"→"布局"选项卡，在"标签"组中选择"图例"，在弹出的下拉菜单中选择"在顶部显示图例"选项。结果如图10-3所示。

（4）选中图表，单击"图表工具"→"设计"选项卡，在"数据"选项组中，单击"选择数据"命令（也可右击图表，在弹出的菜单中单击"选择数据"命令），弹出"选择数据源"对话框，重新选择数据区域或添加一月数据，如图10-4所示。

（5）单击"确定"，完成向图表中添加一月源数据，如图10-5所示。

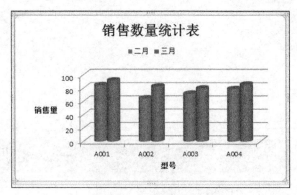

图10-3 设置图表选项

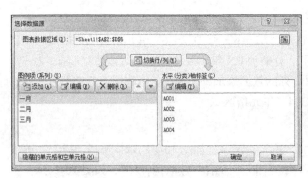

图10-4 "选择数据源"对话框

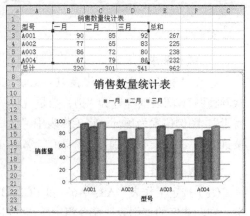

图10-5 添加数据后图表

（6）选中图表，单击"图表工具"→"设计"选项卡，在"类型"选项组中，单击"更改图表类型"命令（也可右击图表，在弹出的菜单中单击"更改图表类型"命令），弹出"更改图表类型"对话框，修改图表类型为"簇状棱锥图"，结果如图10-6所示。

（7）调整图表大小，将其插入到"A8：G24"单元格区域内。

实例Ⅱ

1. 操作要求

打开"题库\模块十\工作表10-2.xlsx"，选取工作表中"A2：B7"数据区域建立"三维饼图"，图表标题为"各部门人员比例图"，数据标签显示"类别名称"、"百分比"，标签位置为"数据标签内"，突出显示数据系列"图书开发部"，预设颜色为"彩虹出岫Ⅱ"。图表区预设颜色设为"雨后初晴"，设置图表标题的艺术字样式为艺术字样式库中的第2排左边第2个，形状样式为"强烈效果-橄榄色，强调颜色3"。

2. 具体操作步骤

（1）选定工作表"A2：B7"单元格区域，选择"插入"选项卡，在功能区的"图表"命令组中单击"饼图"图标，选择"三维饼图"，得到图10-7所示的饼图。

（2）选中图表，单击"图表工具"→"布局"选项卡，在"标签"组中选择"图表标题"，在弹出的下拉菜单中选择"图表上方"选项。输入图表标题"各部门人员比例图"。

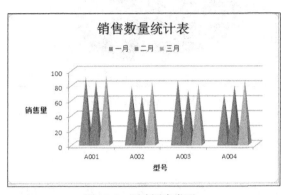

图 10-6　更改图表类型

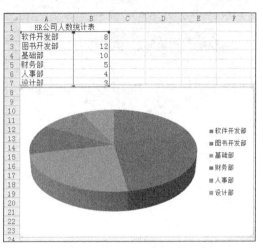

图 10-7　三维饼图

（3）选中图表，单击"图表工具"→"布局"选项卡，在"标签"组中单击"数据标签"，在弹出的下拉菜单中选择"其他数据标签选项"，打开"设置数据标签格式"窗口，单击左侧窗格的"标签选项"，在右侧窗格中选择"标签包括"区域中的"类别名称"、"百分比"复选框，在"标签位置"区域中选择"数据标签内"单选按钮。结果如图 10-8 所示。

（4）将数据系列"图书开发部"拖曳到一定位置，以突出该数据系列的显示。然后在数据系列"图书开发部"上双击，弹出"设置数据点格式"窗口，在左侧窗格选择"填充"，在右侧窗格选择"渐变填充"，预设颜色为"彩虹出岫Ⅱ"。结果如图 10-9 所示。

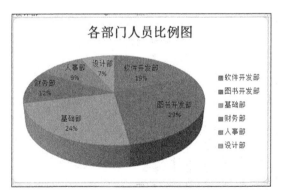

图 10-8　设置图表选项

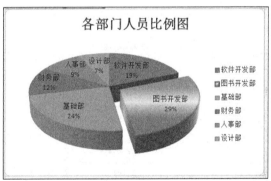

图 10-9　预设颜色为"彩虹出岫Ⅱ"

（5）右击图表区，选择"设置图表区域格式"命令，弹出"设置图表区格式"对话框，选择左侧窗格的"填充"选项，选择右侧窗格中的"渐变填充"，选预设颜色为"雨后初晴"，结果如图 10-10 所示。

（6）选中图表标题，单击"图表工具"→"格式"选项卡，在功能区的"形状样式"组中设置标题的形状为形状样式库中的"强烈效果-橄榄色，强调颜色 3"，在"艺术字样式"组中设置标题的样式为艺术字样式库中的第 2 排左边第 2 个。最终结果如图 10-11 所示。

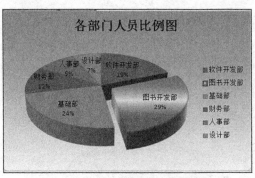

图 10-10 "雨后初晴"渐变填充

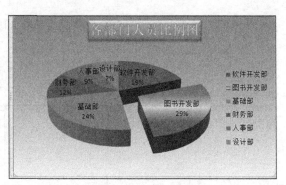

图 10-11 设置图表标题格式

实例Ⅲ

1. 操作要求

打开"题库\模块十\工作表 10-3.xlsx",选取工作表中"B2:C14"数据区域建立"簇状柱形图",为"汽车销售量"数据系列选择使用次坐标轴,更改"增长率"数据系列图表类型为"带数据标记的折线图",设置图表区不显示横网络线,为"汽车销售量"数据系列填充"碧海青天"渐变颜色,为"增长率"数据系列填充"熊熊火焰"渐变颜色。设置图表标题在上方显示,标题为"汽车销售量统计",图表标题应用形状样式"细微效果-橄榄色,强调颜色 3",为"汽车销售量"数据系列添加线性、红色、宽 2 磅的趋势线。

2. 具体操作步骤

(1)选定工作表"B2:C14"单元格区域,选择"插入"选项卡,在功能区的"图表"命令组中单击"柱形图"图标,选择"簇状柱形图",得到图 10-12 所示的图表。

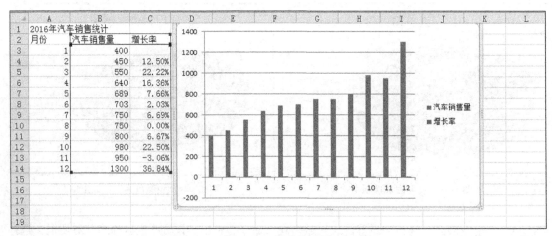

图 10-12 簇状柱形图

(2)右击绘图区中的数据系列(此时的数据系列即为"汽车销售量"数据系列),从弹出的快捷菜单中单击"设置数据系列格式"命令,弹出"设置数据系列格式"的对话框,单击左侧列表框中的"系列选项",在右侧的"系列选项"选项面板中选中"次坐标轴",单击"关闭",这时图中的纵坐标轴变成了两个,使得被遮的"增长率"柱形图露出了一部分,如图 10-13 所示。

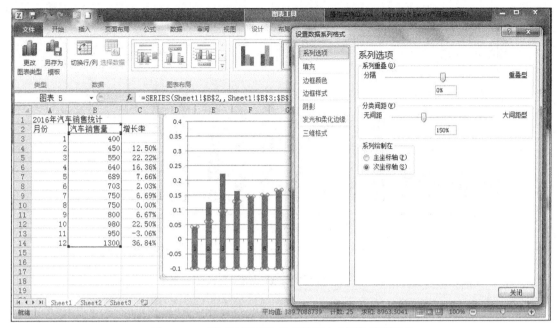

图 10-13 "汽车销售量"选择使用次坐标轴后的图表

（3）右击"增长率"数据系列，从弹出的快捷菜单中单击"更改系列图表类型"命令，弹出"更改图表类型"的对话框，在左侧的列表框中单击"折线图"选项，在右侧的列表框中选择"带数据标记的折线图"选项，单击"确定"，结果如图 10-14 所示。

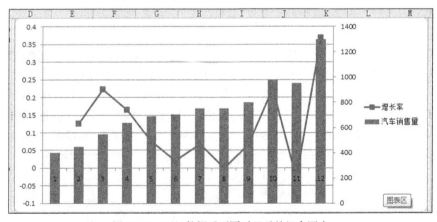

图 10-14 两组数据系列同时显示的组合图表

（4）选中图表，单击"图表工具"→"布局"选项卡，在"坐标轴"组中单击"网格线"，设置不显示横网格线。右击"汽车销售量"数据系列选择"设置数据系列格式"，弹出"设置数据系列格式"对话框，选择渐变填充颜色为"碧海青天"，同样设置"增长率"数据系列为"熊熊火焰"的渐变填充颜色，结果如图 10-15 所示。

（5）选中图表，单击"图表工具"→"布局"选项卡，在"标签"组中单击"图表标题"，在图表的上方设置图表标题为"汽车销售量统计"。选中图表标题，单击"图表工具"→"格式"选项卡，设置标题的形状样式为"细微效果-橄榄色，强调颜色 3"，结果如图 10-16 所示。

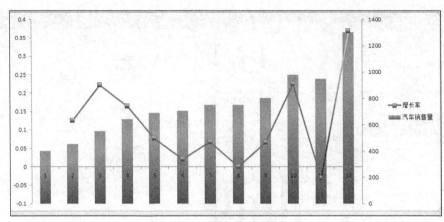

图 10-15　设置数据系列颜色

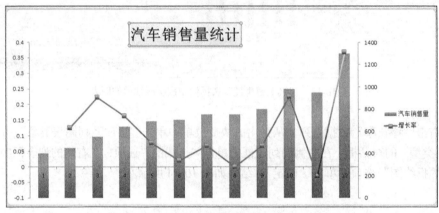

图 10-16　设置图表标题

（6）右击"汽车销售量"数据系列，选择"添加趋势线"的命令，弹出"设置趋势线格式"对话框，单击左侧"趋势线选项"选项，在右侧"趋势线选项"选项面板中选中"趋势预测/回归分析类型"中的"线性"单选按钮。切换到"线条颜色"选项，选中"实线"单选按钮，然后从"颜色"下拉列表中选择"红色"作为趋势线的颜色。切换到"线型"选项，设置趋势线的宽度为2磅。最后把图表嵌入到工作表"A15:L36"单元格区域中。结果如图 10-17 所示。

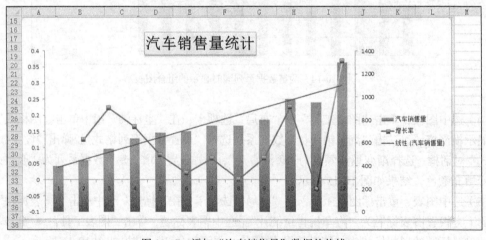

图 10-17　添加"汽车销售量"数据趋势线

注：只能在条形图、折线图、散点图和气泡图等平面图形中为数据系列添加趋势线，而不能在面积图、曲面图、圆环图、饼图和雷达图中添加趋势线。

三、上机练习

上机练习1

绘制余弦函数曲线图：打开"题库\模块十\练习\上机练习1.xlsx"，数据内容如图10-18所示。选择"A2:D15"单元格区域的四列数据创建带平滑线和数据标记的散点图，图表标题为"余弦函数曲线图"，艺术字样式为"渐变填充-紫色，强调文字颜色4，映像"，图例在底部显示，主要横坐标轴标题为"角度"，主要纵坐标轴标题为"Y值"，图表区填充预设颜色"雨后初晴"，将图表嵌入工作表"A16:E28"单元格区域中，最终效果图如图10-19所示。

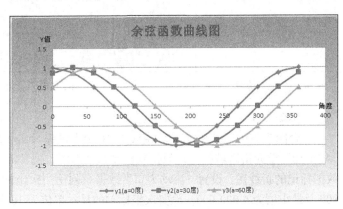

	A	B	C	D
1		y=cos(x-a)		
2	X(度)	y₁(a=0度)	y₂(a=30度)	y₃(a=60度)
3	0	1	0.866	0.5
4	30	0.866	1	0.866
5	60	0.5	0.866	1
6	90	0	0.5	0.866
7	120	-0.5	0	0.5
8	150	-0.866	-0.5	0
9	180	-1	-0.866	-0.5
10	210	-0.866	-1	-0.866
11	240	-0.5	-0.866	-1
12	270	0	-0.5	-0.866
13	300	0.5	0	-0.5
14	330	0.866	0.5	0
15	360	1	0.866	0.5

图10-18　上机练习1样表

图10-19　上机练习1最终效果图

上机练习2

打开"题库\模块十\练习\上机练习2.xlsx"，数据内容如图10-20所示。选择"车间"和"总个数"两列的数据创建一个分离型三维饼图，图表标题为"前六车间产品统计"，艺术字格式为"渐变填充-蓝色，强调文字颜色1"，数据标签显示"值"，图例位置为底部，将图表插入到工作表的"A9：E24"单元格区域内，图表区颜色设置为预设颜色"羊皮纸"。最终效果如图10-21所示。

	A	B	C	D	E
1			宏达机械厂前六车间产品情况统计表		
2	车间	产品型号	不合格产品（个）	合格产品（个）	总个数
3	第一车间	S-01	30	4600	4630
4	第二车间	S-03	50	4300	4350
5	第三车间	S-01	40	4500	4540
6	第四车间	S-02	60	4800	4860
7	第五车间	S-02	80	4000	4080
8	第六车间	S-03	70	4200	4270

图10-20　上机练习2样表

图10-21　上机练习2最终效果图

上机练习3

条形图应用：打开"题库\模块十\练习\上机练习3.xlsx"，数据内容如图10-22所示，选择

"A2:B9"单元格区域的二列数据制作三维簇状条形图，图表标题为"当代女性消费调查"，不显示图例，图表区形状样式为"强烈效果-橄榄色，强调颜色 3"，数据系列填充渐变预设颜色"熊熊火焰"，图表标题应用形状样式和艺术字样式，图表嵌入工作表"A10：E25"单元格区域中，最终效果如图 10-23 所示。

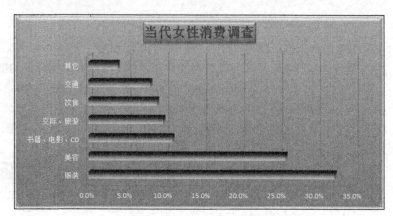

图 10-22　上机练习 3 样表　　　　　　　图 10-23　上机练习 3 最终效果图

上机练习 4

组合图表应用：打开"题库\模块十\练习\上机练习 4.xlsx"，数据内容如图 10-24 所示，选择"A2:C10"单元格区域的三列数据制作簇状柱形图，把"流动人口"数据系列图表类型更改为带数据标记的折线图，设置"流动人口"数据系列使用次坐标轴，设置主坐标轴的显示单位为 100 000 及最小值为 4 000 000，设置次坐标轴的显示单位为 10 000 及最小值为 200 000。在图表上方插入"爆炸形 1"形状，输入标题文字"固定人口与流动人口统计"，设置标题的相应的形状样式和艺术字样式。最终效果图如图 10-25 所示。

	A	B	C
1	某市人口数据统计表		
2		固定人口	流动人口
3	2000年	5260000	260000
4	2001年	5580000	325000
5	2002年	5690000	398000
6	2003年	5932000	456000
7	2004年	6265000	527000
8	2005年	6580000	616800
9	2006年	6975000	706100
10	2007年	7250000	810000

图 10-24　上机练习 4 样表　　　　　　　图 10-25　上机练习 4 最终效果图

一、实训内容

1. 自动筛选
2. 高级筛选
3. 数据的排序
4. 数据的分类汇总
5. 制作数据透视表

二、操作实例

实例Ⅰ：自动筛选

1. 操作要求

打开"题库\模块十一\实例\操作实例Ⅰ.xlsx"，在工作表内的数据清单中，筛选出"部门"为工程部并且"基本工资"大于或等于900的记录。

自动筛选

2. 具体操作步骤

（1）光标置于工作表数据中的任一位置，选择"数据"选项卡，在"排序和筛选"组中单击"筛选"图标，系统进入自动筛选状态，并在每个列标题字段的右侧会出现一个下拉按钮，如图11-1所示。

（2）单击列标题"部门"右边的下拉按钮，在弹出的浮动列表中选择"工程部"项，如图11-2所示。

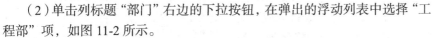

图 11-1　进入"自动筛选"状态

图 11-2　浮动列表

（3）单击列标题“基本工资”右边的下拉按钮，在弹出的浮动列表中选择“数字筛选”中的“大于或等于”命令，打开“自定义自动筛选方式”对话框，按图 11-3 进行设置。

（4）单击“确定”按钮，最终筛选结果如图 11-4 所示。

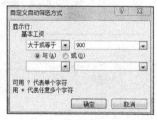

图 11-3　自定义自动筛选方式

	A	B	C	D	E	F
1	利达公司工资表					
2	姓名	部门	职称	基本工资	奖金	津贴
5	张勇	工程部	工程师	1000	568	180
7	司慧霞	工程部	助理工程师	950	604	140
9	谭华	工程部	工程师	945	640	180
16						

图 11-4　最终筛选结果

实例Ⅱ：高级筛选

1. 操作要求

打开“题库\模块十一\实例\操作实例Ⅱ.xlsx”，对工作表内数据清单的内容进行高级筛选，条件为“考试成绩大于或等于 90 分或总成绩大于或等于 110 分”，筛选后的结果从第 4 行开始显示，以原文件名保存。

高级筛选

2. 具体操作步骤

（1）选择工作表 1～3 行，单击右键，从快捷菜单中选择“插入”命令，在工作表前插入 3 行空行。在第 1 行分别输入“考试成绩”“总成绩”，在第 2、3 行对应的位置分别输入“>=90”“>=110”，如图 11-5 所示。注意，由于筛选条件之间是“或”的关系，所以它们不能写在同一行。

（2）选定要筛选的单元格区域“A4：F23”。选择“数据”选项卡，在“排序和筛选”组中单击“高级”图标，打开“高级筛选”对话框，光标定位在“条件区域”文本框里时拖动鼠标选择“A1：B3”单元格区域，如图 11-6 所示。

（3）单击“确定”，结果如图 11-7 所示。

	A	B	C	D	E	F
1	考试成绩	总成绩				
2	>=90					
3		>=110				
4	系别	学号	姓名	考试成绩	实验成绩	总成绩
5	信息	991021	李新	74	16	90
6	计算机	992032	王文辉	87	17	104
7	自动控制	993023	张磊	65	19	84
8	经济	995034	郝心怡	86	17	103
9	信息	991076	王力	91	15	106
10	数学	994056	孙英	77	14	91
11	自动控制	993021	张在旭	60	14	74
12	计算机	992089	金翔	73	18	91
13	计算机	992005	杨海东	90	19	109
14	自动控制	993082	黄立	85	20	105
15	信息	991062	王春晓	78	17	95
16	经济	995022	陈松	69	12	81
17	数学	994034	姚林	89	15	104
18	信息	991025	张雨涵	62	17	79
19	自动控制	993026	钱民	66	16	82
20	数学	994086	高晓东	78	15	93
21	经济	995014	张平	80	18	98
22	自动控制	993053	李英	93	19	112
23	数学	994027	黄红	68	20	88

图 11-5　设置高级筛选条件

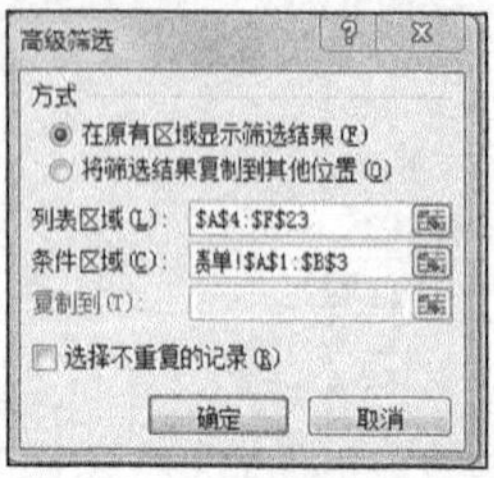

图 11-6　“高级筛选”对话框

	A	B	C	D	E	F
1	考试成绩	总成绩				
2	>=90					
3		>=110				
4	系别	学号	姓名	考试成绩	实验成绩	总成绩
9	信息	991076	王力	91	15	106
13	计算机	992005	杨海东	90	19	109
22	自动控制	993053	李英	93	19	112

图 11-7　筛选后结果

实例Ⅲ：数据排序

1. 操作要求

打开“题库\模块十一\实例\操作实例Ⅲ.xlsx”，对工作表内的数据清单的内容，以“英语”为主要关键字，"体育"为次要关键字，以递增次序进行排序，以原文件名保存。

2. 具体操作步骤

（1）单击数据清单中的任意一个单元格，选择"数据"选项卡，在功能区中单击"排序和筛选"组中的"排序"图标，打开"排序"对话框。

（2）设置主要关键字为"英语"，并选择"升序"，单击"添加条件"按钮，设置次要关键字为"体育"，选择"升序"，如图11-8所示。

（3）单击"确定"，排序结果如图11-9所示。

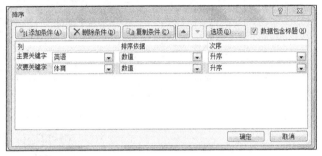

图11-8 "排序"对话框

图11-9 排序结果

实例Ⅳ：数据排序

1. 操作要求

打开"题库\模块十一\实例\操作实例Ⅳ.xlsx"，对工作表"图书销售情况表"内的数据清单内容进行筛选，条件为第1或第2季度销售量排名在前20名；对筛选后的数据清单按主要关键字"销售量排名"的升序次序和次要关键字"经销部门"的升序次序进行排序，以原文件名保存。

2. 具体操作步骤：

（1）光标置于工作表数据中的任一位置，选择"数据"选项卡，在"排序和筛选"组中单击"筛选"图标，系统进入自动筛选状态，并在每个列标题字段的右侧会出现一个下拉按钮，如图11-10所示。

（2）单击列标题"季度"右边的下拉按钮，在弹出的浮动列表中选择"1"和"2"项，单击列标题"销售量排名"右边的下拉按钮，在弹出的浮动列表中选择"数字筛选"中的"小于或等于命令，在弹出的"自定义自动筛选方式"对话框中的文本框内输入"20"，最终筛选结果如图11-11所示。

图11-10 进入"自动筛选"状态

图11-11 筛选结果

（3）单击数据清单中的任意一个单元格，选择"数据"选项卡，在功能区中单击"排序和筛选"组中的"排序"图标，打开"排序"对话框。如图 11-12 所示。

（4）设置主要关键字为"销售量排名"，并选择"升序"，单击"添加条件"按钮，设置次要关键字为"经销部门"，选择"升序"。结果如图 11-13 所示。

图 11-12　"排序"对话框　　　　　　　　　　图 11-13　排序结果

实例 V：数据的分类汇总

1. 操作要求

打开"题库\模块十一\实例\操作实例 V.xlsx"，对工作表内的数据清单的内容，以"部门"为分类字段进行分类汇总，以原文件名保存。

对数据进行分类汇总

2. 具体操作步骤

（1）单击数据清单中的任意一个单元格，选择"数据"选项卡，在功能区中单击"排序和筛选"组中的"排序"图标，打开"排序"对话框。设置主要关键字为"部门"，选择"升序"或"降序"，如图 11-14 所示。

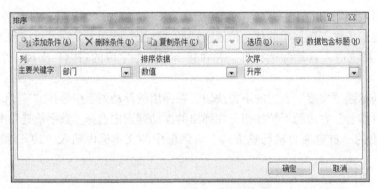

图 11-14　设置"部门"为排序关键字

（2）单击"确定"，排序结果如图 11-15 所示。

（3）单击数据清单中的任意一个单元格，选择"数据"选项卡，在 "分级显示"组中单击"分类汇总"图标，在弹出的"分类汇总"对话框中设置"分类字段"为"部门"，"汇总方式"为"求和"，"选定汇总项"为"合计金额"，选中"替换当前分类汇总"和"汇总结果显示在数据下方"复选框，如图 11-16 所示。

（4）单击"确定"，分类汇总结果如图 11-17 所示。

（5）依次单击表格左侧的分级显示栏第 2 级中的"−"按钮，全部明细数据即可被隐藏，如图 11-18 所示。

图 11-15 排序结果

员工编号	姓名	部门	职位	基本工资	工龄工资	加班费	考勤扣款	合计金额
MR010	孙丽	财务部	部门经理	1,600.00	250.00		53.00	1,945.00
MR019	郭华	财务部	职员	1,200.00	100.00	11.25	70.00	1,381.25
MR020	吕小	财务部	职员	1,200.00	50.00	11.25	60.00	1,321.25
MR003	高华	基础部	部门经理	1,800.00	450.00		30.00	2,280.00
MR006	王郦	基础部	文员	1,400.00	450.00	18.00		1,868.00
MR008	刘丽	基础部	文员	1,400.00	400.00	18.00	61.75	1,879.75
MR013	周杰	基础部	文员	1,400.00	250.00		23.50	1,673.50
MR014	刘萍	基础部	文员	1,400.00	200.00	36.00	50.00	1,686.00
MR009	冯艳	人事部	部门经理	1,600.00	300.00	63.00	53.00	2,016.00
MR017	陈敏	人事部	职员	1,200.00	150.00		90.00	1,440.00
MR018	魏红	人事部	职员	1,200.00	100.00	7.50	20.00	1,327.50
MR002	李明	软件开发部	部门经理	2,600.00	450.00	123.75	21.75	3,195.50
MR005	钱多	软件开发部	开发工程师	2,200.00	450.00	87.75		2,737.75
MR007	孙小	软件开发部	开发工程师	2,200.00	400.00	94.50	100.00	2,794.50
MR012	赵宝	软件开发部	开发工程师	2,200.00	250.00	94.50		2,544.50
MR016	曹刚	软件开发部	开发工程师	2,200.00	200.00	87.75	136.50	2,624.25
MR001	王东	图书开发部	部门经理	2,400.00	450.00	120.00		2,970.00
MR004	李亮	图书开发部	程序员	2,000.00	450.00	42.00	117.00	2,609.00
MR011	王宝	图书开发部	程序员	2,000.00	250.00	78.00	83.50	2,411.50
MR015	张伟	图书开发部	程序员	2,000.00	200.00	36.00	100.50	2,336.50

图 11-16 "分类汇总"对话框

图 11-17 "分类汇总"结果

员工编号	姓名	部门	职位	基本工资	工龄工资	加班费	考勤扣款	合计金额
MR010	孙丽	财务部	部门经理	1,600.00	250.00	42.00	53.00	1,945.00
MR019	郭华	财务部	职员	1,200.00	100.00	11.25	70.00	1,381.25
MR020	吕小	财务部	职员	1,200.00	50.00	11.25	60.00	1,321.25
		财务部 汇总						4,647.50
MR003	高华	基础部	部门经理	1,800.00	450.00		30.00	2,280.00
MR006	王郦	基础部	文员	1,400.00	450.00	18.00		1,868.00
MR008	刘丽	基础部	文员	1,400.00	400.00	18.00	61.75	1,879.75
MR013	周杰	基础部	文员	1,400.00	250.00		23.50	1,673.50
MR014	刘萍	基础部	文员	1,400.00	200.00	36.00	50.00	1,686.00
		基础部 汇总						9,387.25
MR009	冯艳	人事部	部门经理	1,600.00	300.00	63.00	53.00	2,016.00
MR017	陈敏	人事部	职员	1,200.00	150.00		90.00	1,440.00
MR018	魏红	人事部	职员	1,200.00	100.00	7.50	20.00	1,327.50
		人事部 汇总						4,783.50
MR002	李明	软件开发部	部门经理	2,600.00	450.00	123.75	21.75	3,195.50
MR005	钱多	软件开发部	开发工程师	2,200.00	450.00	87.75		2,737.75
MR007	孙小	软件开发部	开发工程师	2,200.00	400.00	94.50	100.00	2,794.50
MR012	赵宝	软件开发部	开发工程师	2,200.00	250.00	94.50		2,544.50
MR016	曹刚	软件开发部	开发工程师	2,200.00	200.00	87.75	136.50	2,624.25
		软件开发部 汇总						13,896.50
MR001	王东	图书开发部	部门经理	2,400.00	450.00	120.00		2,970.00
MR004	李亮	图书开发部	程序员	2,000.00	450.00	42.00	117.00	2,609.00
MR011	王宝	图书开发部	程序员	2,000.00	250.00	78.00	83.50	2,411.50
MR015	张伟	图书开发部	程序员	2,000.00	200.00	36.00	100.50	2,336.50
		图书开发部 汇总						10,327.00
		总计						43,041.75

（6）选择"数据"选项卡，在"分级显示"组中单击"取消组合"图标下面的下拉按钮，在弹出的列表中选择"清除分级显示"，取消分级显示后的结果如图 11-19 所示。

图 11-18 隐藏数据

员工编号	姓名	部门	职位	基本工资	工龄工资	加班费	考勤扣款	合计金额
		财务部 汇总						4,647.50
		基础部 汇总						9,387.25
		人事部 汇总						4,783.50
		软件开发部 汇总						13,896.50
		图书开发部 汇总						10,327.00
		总计						43,041.75

图 11-19 取消分级显示

实例Ⅵ:

1. 操作要求

打开"题库\模块十一\实例\操作实例Ⅵ.xlsx"，建立数据透视表，插入现有工作表 I1 单元格的位置，显示各部门各学历的平均工资，以原文件名保存。

2. 具体操作步骤

（1）单击数据清单中的任意一个单元格，选择"插入"选项卡，在"表格"选项组中单击"数据透视表"按钮，打开"创建数据透视表"对话框，如图 11-20 所示。

创建并编辑数据
透视表

（2）在"选择放置数据透视表的位置"区域中选中"现有工作表"单选按钮，"位置"选择 I1 单元格，单击"确定"，即可在现有工作表中创建数据透视表。

（3）在窗口右侧"数据透视表字段列表"区域中可以设置数据透视表的字段。

首先在"选择要添加到报表的字段"列表框中选择字段"部门""学历"，然后按住鼠标左键不放并将它们拖曳到下方的"行标签"区域中；在"选择要添加到报表的字段"列表框中选择字段"工资"，然后按住鼠标左键将其拖曳到下方的"数值"区域中，如图 11-21 所示。

图 11-20 "创建数据透视表"对话框

图 11-21 数据透视表布局

（4）在"数值"区域中，单击"求和项：工资"右侧下拉按钮，选择"值字段设置"，弹出"值字段设置"对话框，选择计算类型为"平均值"，如图 11-22 所示。

（5）单击"确定"，创建完成后的数据透视表如图 11-23 所示。

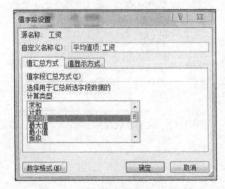

图 11-22 "值字段设置"对话框

图 11-23 结果图

	A	B	C	D	E	F	G	H	I	J
1	欣欣公司职员登记表								部门	平均值项:工资
2	姓名	性别	部门	学历	年龄	籍贯	工龄	工资	⊟办公室	2000
3	周敏捷	女	后勤部	本科	22	河北	1	1600	本科	2000
4	周健	男	营销部	本科	31	河南	8	2300	大专	2000
5	赵军伟	男	工程部	本科	26	山东	4	2100	⊟工程部	2466.666667
6	张勇	男	营销部	大专	35	山东	11	2600	本科	2100
7	吴园	女	后勤部	本科	31	河北	7	1800	硕士	2650
8	王辉	男	办公室	大专	36	河南	15	2000	⊟后勤部	1866.666667
9	王刚	男	后勤部	硕士	28	山东	3	2200	本科	1700
10	谭华	男	办公室	本科	25	河北	2	2300	硕士	2200
11	司慧霞	女	办公室	本科	30	河北	8	1900	⊟营销部	2400
12	任敏	女	工程部	硕士	32	河北	7	2500	本科	2300
13	李波	男	工程部	硕士	29	河南	5	2800	大专	2600
14	韩禹	男	办公室	本科	36	河南	13	2100	总计	2183.333333

三、上机练习

上机练习 1

打开"题库\模块十一\练习\上机练习 1.xlsx"，在工作表内的数据清单中，自动筛选出前 5 名年龄最大的员工的记录，结果如图 11-24 所示。

上机练习 2

打开"题库\模块十一\练习\上机练习 2.xlsx"，在工作表内的数据清单中自动筛选出姓名以"杨"开头，以"红"结尾的所有符合条件的记录，结果如图 11-25 所示。

	A	B	C	D	E	F	G
1				员工信息表			
2	员工编号	员工姓名	性别	籍贯	年龄	所属部门	学历
7	005	梁x兰	女	吉林省	30	基础部	本科
8	006	黄x	女	吉林省	28	基础部	研究生
9	007	孙x娇	女	河南省	28	软件开发部	硕士
10	008	刘x娟	女	吉林省	28	技术部	本科
14	012	孙鹏	男	江西省	35	质量部	大专

图 11-24　练习 1 筛选结果

	A	B	C	D	E	F	G	H
1				员工信息表				
2	员工编号	员工姓名	性别	籍贯	年龄	所属部门	学历	
3	001	杨x红	女	吉林省	24	基础部	大专	
8	006	杨江红	女	吉林省	28	基础部	研究生	
12	010	杨小红	男	安徽省	24	人事部	专科	
17								

图 11-25　练习 2 筛选结果

上机练习 3

打开"题库\模块十一\练习\上机练习 3.xlsx"，在工作表内的数据清单中自动筛选出员工入职时间在 2005/10/5 至 2008/1/8 之间的员工记录，筛选结果如图 11-26 所示。

上机练习 4

打开"题库\模块十一\练习\上机练习 4.xlsx"，对工作表内的数据清单的内容进行高级筛选，筛选出籍贯为"吉林省"、年龄在 25 岁以上的记录，在原区域显示筛选结果，如图 11-27 所示。以原文件名保存。

	A	B	C	D	E	F	G	H
1				员工信息表				
2	员工编号	员工姓名	性别	籍贯	年龄	所属部门	学历	入职时间
3	001	杨x红	女	吉林省	24	基础部	大专	2007/5/12
6	004	李xx	男	江苏省	25	设计部	大专	2006/10/14
7	005	梁x兰	女	吉林省	30	基础部	本科	2007/12/1
8	006	黄x	女	吉林省	28	基础部	研究生	2007/5/14
10	008	刘x娟	女	吉林省	28	技术部	本科	2006/8/20
11	009	李明x	男	吉林省	27	人事部	专科	2007/12/25
12	010	周x	男	安徽省	24	人事部	专科	2006/12/20

图 11-26　上机练习 3 筛选结果

	A	B	C	D	E	F	G
1				员工信息表			
2	员工编号	员工姓名	性别	籍贯	年龄	所属部门	学历
4	002	李小x	男	吉林省	26	质量部	大专
7	005	梁x兰	女	吉林省	30	基础部	本科
8	006	黄x	女	吉林省	28	基础部	研究生
10	008	刘x娟	女	吉林省	28	技术部	本科
11	009	李明x	男	吉林省	27	人事部	专科
15	013	寇x丽	女	吉林省	26	财务部	研究生
16							
17				籍贯	年龄		
18				吉林省	>25		

图 11-27　上机练习 4 高级筛选后结果

上机练习 5

打开"题库\模块十一\练习\上机练习 5.xlsx"，对工作表内的数据清单的内容进行高级筛选，筛选出版社名称为"清华大学出版社"且定价大于 19 的记录，使筛选结果从第四行开始显示。结果如图 11-28 所示。以原文件名保存。

上机练习 6

打开"题库\模块十一\练习\上机练习 6.xlsx"，对工作表内的数据清单的内容，以"类别"为主要关键字，以"销售数量（本）"为次要关键字，按递减次序进行排序。结果如图 11-29 所示。以原文件名保存。

上机练习 7

打开"题库\模块十一\练习\上机练习 7.xlsx"，对工作表内的数据清单中的"员工姓名"按笔划递增次序进行排序。结果如图 11-30 所示。以原文件名保存。

图 11-28　上机练习 5 高级筛选结果

图 11-29　上机练习 6 排序结果

上机练习 8

打开"题库\模块十一\练习\上机练习 8.xlsx"，对工作表内的数据清单中的"应发工资"按递增次序排序。结果如图 11-31 所示。以原文件名保存。

图 11-30　上机练习 7 排序结果

图 11-31　上机练习 8 排序结果

上机练习 9

打开"题库\模块十一\练习\上机练习 9.xlsx"，对工作表内的数据清单的内容进行分类汇总，分类字段为"农作物"，汇总方式为"求和"，汇总项为"产量（吨）"，汇总结果显示在数据下方，以原文件名保存。结果如图 11-32 所示。

上机练习 10

打开"题库\模块十一\练习\上机练习 10.xlsx"，对工作表内的数据清单的内容按主要关键字"产品名称"按递减次序排序，对排序后的内容进行分类汇总，分类字段为"产品名称"，汇总方式为"平均值"，汇总项为"销售额（万元）"，汇总结果显示在数据下方，以原文件名保存。结果如图 11-33 所示。

图 11-32　上机练习 9 分类汇总结果图

图 11-33　上机练习 10 结果图

上机练习 11

打开"题库\模块十一\练习\上机练习 11 工作表 11.xlsx"，建立数据透视表，插入到现有工作表 H1 单元格的位置，显示男女生各门课程的平均成绩及汇总信息，以原文件名保存。结果如 11-34 图所示。

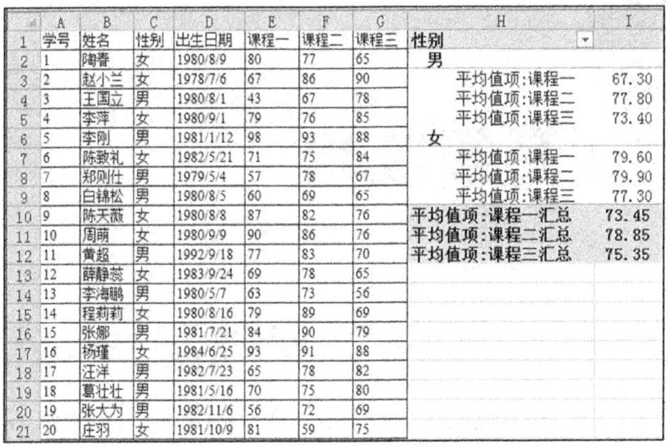

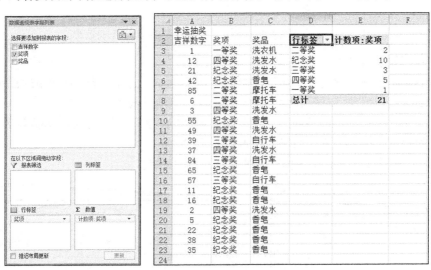

	A	B	C	D	E	F	G	H	I
1	学号	姓名	性别	出生日期	课程一	课程二	课程三	性别	
2	1	陶春	女	1980/8/9	80	77	65	男	
3	2	赵小兰	女	1978/7/6	67	86	90	平均值项:课程一	67.30
4	3	王国立	男	1980/8/1	43	67	78	平均值项:课程二	77.80
5	4	李萍	女	1980/9/1	79	76	85	平均值项:课程三	73.40
6	5	李刚	男	1981/1/12	98	93	88	女	
7	6	陈致礼	女	1982/5/21	71	75	84	平均值项:课程一	79.60
8	7	郑则仕	男	1979/5/4	57	78	67	平均值项:课程二	79.90
9	8	白锦松	男	1980/8/5	60	69	65	平均值项:课程三	77.30
10	9	陈天薇	女	1980/8/8	87	82	76	平均值项:课程一汇总	73.45
11	10	周萌	女	1980/9/9	90	86	76	平均值项:课程二汇总	78.85
12	11	黄超	男	1992/9/18	77	83	70	平均值项:课程三汇总	75.35
13	12	薛静蕊	女	1983/9/24	69	78	65		
14	13	李海鹏	男	1980/5/7	63	73	56		
15	14	程莉莉	女	1980/8/16	79	89	69		
16	15	张娜	男	1981/7/21	84	90	79		
17	16	杨瑾	女	1984/6/25	93	91	88		
18	17	汪洋	男	1982/7/23	65	78	82		
19	18	葛壮壮	男	1981/5/16	70	75	80		
20	19	张大为	男	1982/11/6	56	72	69		
21	20	庄羽	女	1981/10/9	81	59	75		

图 11-34　上机练习 11 结果

上机练习 12

打开“题库\模块十一\练习\上机练习 12.xlsx”，建立数据透视表，插入到现有工作表 D2 单元格的位置，对各奖项的个数进行统计，以原文件名保存。结果如图 11-35 所示。

	A	B	C	D	E	F
1	幸运抽奖					
2	吉祥数字	奖项	奖品	行标签	计数项:奖项	
3	1	一等奖	洗衣机	二等奖	2	
4	12	四等奖	洗发水	纪念奖	10	
5	21	纪念奖	洗发水	三等奖	3	
6	42	纪念奖	香皂	四等奖	5	
7	85	二等奖	摩托车	一等奖	1	
8	6	二等奖	摩托车	总计	21	
9	3	四等奖	洗发水			
10	55	纪念奖	香皂			
11	49	四等奖	洗发水			
12	39	三等奖	自行车			
13	37	四等奖	洗发水			
14	84	三等奖	自行车			
15	65	纪念奖	香皂			
16	57	三等奖	自行车			
17	11	纪念奖	香皂			
18	16	纪念奖	香皂			
19	2	四等奖	洗发水			
20	5	纪念奖	香皂			
21	22	纪念奖	香皂			
22	38	纪念奖	香皂			
23	35	纪念奖	香皂			
24						

图 11-35　上机练习 12 在数据透视表中统计各奖项结果

模块十二

Excel 2010 高级应用

一、实训内容

1. 利用 VLOOKUP、DATEDIF、DATE、ISNA 等函数的应用及函数 IF 的嵌套应用制作工资明细表

2. 插入控件制作问卷调查表

二、操作实例

实例 I

打开"题库\模块十二\例题\工资管理.xlsx",计算出表格中的各项数据。

1. 编制"姓名"公式

利用 VLOOKUP 函数来计算"姓名"列数据,该函数的用途是在表格或数组的首列查找指定的值,并返回表格或数据当前行中指定列处的值。具体操作步骤如下:

(1)选定 B4 单元格,单击编辑栏上的"插入函数"按钮("f_x"),弹出"插入函数"对话框,选择"VLOOKUP",单击"确定",如图 12-1 所示。

(2)在"函数参数"对话框中作出如图 12-2 所示的设置。

图 12-1　插入 VLOOKUP 函数

图 12-2　根据员工编号计算员工姓名

其中在"Col_index_num"框中填入"2"代表返回"员工基本信息"表中第 2 列的数值,"Range_lookup"为一个逻辑值,指定在查找时是要求精准匹配还是大致匹配,填入"0"等同"FALSE",代表大致匹配。

单击"确定"按钮即可得到 B4 单元格的返回值"陈芳",用鼠标指向 B4 单元格的填充柄,拖动鼠标即可得到各工号所对应的姓名。

2. 编制"基本工资"公式

用类似的方法可计算出"基本工资"列数据,此时在"Col_index_num"框中填入"5"代表

返回"员工基本信息"表中第 5 列的数值，如图 12-3 所示。

图 12-3　根据员工编号计算员工基本工资

3. 编制"工龄工资"公式

工龄工资 = 10 × 工龄。

工龄 = 参加工作时间与工资发放月份月底日期之间相差的整数年。首先在"员工基本信息"工作表中通过工号查找得到对应的参加工作时间，再利用 DATEDIF 函数计算工龄，工龄乘以 10 即得到工龄工资。

注：DATEDIF 函数在"插入函数"对话框中找不到，但该函数在 Excel 2010 中存在，用来计算两个日期之间相差的天数、月数、年数。

DATEDIF 函数的语法：

DATEDIF（Start_date，End_date，Unit）

参数：

Start_date 代表时间段内的第一个日期或起始日期。

End_date 代表时间段内的最后一个日期或结束日期。

Unit 为所需信息的返回类型，Y 为周年，M 为月，D 为天数。

在 D4 单元格中输入"=10*DATEDIF（VLOOKUP（A4，员工基本信息!$A$2:$D$21，4，0），DATE（工资明细!$I$2，工资明细!$J$2，1），"y"），即可算出 D4 单元格内的工龄工资。选定填充柄拖动鼠标即可得到所有工龄工资，如图 12-4 所示。

4. 编制"职称补贴"公式

职称补贴标准：高级工程师为 800；工程师为 500；助理工程师为 300；无职称为 0。

首先在"员工基本信息"工作表中利用函数 VLOOKUP 通过工号查找得到对应的职称，存放在辅助单元格 I4 中，再利用 IF 函数计算出各职称对应的补贴。因为职称有四种情形，所以使用 IF 函数计算各职称补贴时要利用函数的嵌套。

在 E4 单元格中输入"= IF（I4="高级工程师"，800，IF（I4="工程师"，500，IF（I4="助理工程师"，300，0）））"，即可计算出职称补贴，如图 12-5 所示。

5. 编制"奖金"公式

在"奖金"工作表中通过工号查找得到对应的奖金。因为"奖金"工作表中可能只有部分员工的数据（若某员工当月无奖金，则不需要输入该员工数据），用 VLOOKUP 函数进行精确查找时，有可能找不到相应工号对应员工的数据，所以首先要通过 ISNA 函数判别返回值是否为"#N/A"（返回值为"#N/A"说明没找到）。

图 12-4　计算工龄工资

图 12-5　计算职称补贴

ISNA 函数的用途：检验一个值是否为"#N/A"，返回值为"TRUE"或"FALSE"。
语法：

ISNA（VALUE）

VALUE 为需要进行检验的数值。

在 F4 单元格中输入公式"=IF(ISNA(VLOOKUP(A4,奖金!$A$2:$C$11,3,0)),0,VLOOKUP（A4，奖金!$A$2:$C$11，3，0)），如图 12-6 所示。

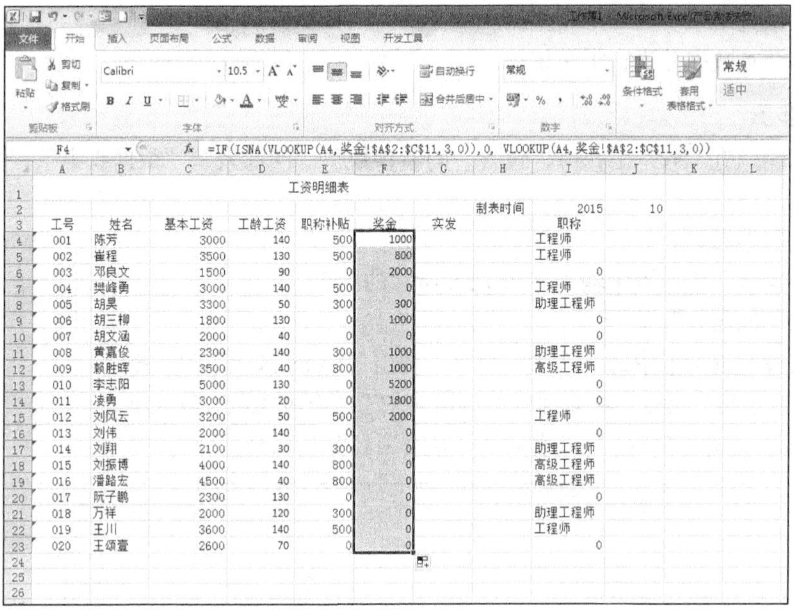

图 12-6　计算奖金

6. 计算实发工资

实发工资 = 基本工资+工龄工资+职称补贴+奖金。计算结果如图 12-7 所示。

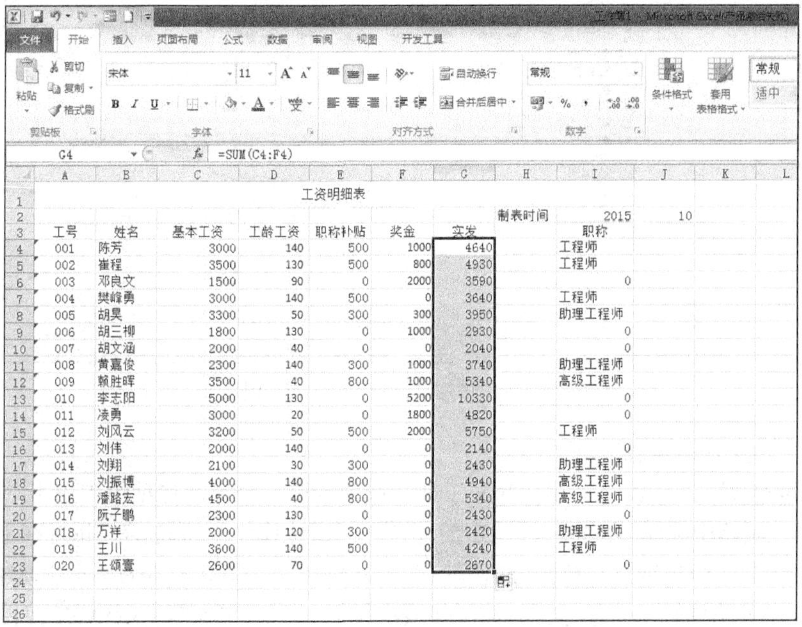

图 12-7　最终结果

实例 II：问卷调查

为更好地安排计算机课程的教学，计划对全体新生的计算机水平和要求进行一次问卷调查。

1. 具体要求

（1）制作问卷调查表。包括"学生基本信息"、"计算机现有操作水平"和"还想学习哪些计算机知识"。

（2）统计调查结果。

（3）收集调查数据并进行汇总统计。

2. 操作步骤

创建"问卷调查.xlsx"工作簿，包含"问卷参数"、"问卷表"、"数据收集"、"统计表"4 个工作表。

（1）设置问卷参数。

在"问卷参数"工作表中输入如图 12-8 所示的内容。

（2）制作"问卷表"。

单击"文件"选项卡中的"选项"命令，弹出"Excel 选项"对话框，选择"自定义功能区"命令，在对话框右侧窗格勾选"开发工具"复选框，如图 12-9 所示。这时，Excel 窗口增加了"开发工具"选项卡。

图 12-8　问卷参数

图 12-9　添加"开发工具"选项卡

① 设计"学生基本信息"部分。

a. 在"问卷表"工作表中，在"开发工具"选项卡→"控件"选项组中单击"插入"按钮，在打开的控件工具箱中选择"表单控件"组中的"分组框（窗体控件）"，通过拖动鼠标在工作表"B3:F6"单元格区域中绘制一个分组框，单击分组框控件上方的文字，将其修改为"学生基本信息"。

b. 在 B4 单元格中输入"学号:"，在工作表中插入一个"文本框（ActiveX 控件）"控件，用来接收输入的学号。在"开发工具"选项卡→"控件"选项组中单击"属性"按钮，在弹出的"属性"任务窗格中设置该控件的 LinkedCell 属性为"A30"，如图 12-10 所示。输入的学号将保存在单元格 A30 中。

c. 在 B5 单元格中输入"姓名:"，在工作表中插入一个"文本框（ActiveX 控件）"控件，用来接收输入的姓名。在"开发工具"选项卡→"控件"选项组中单击"属性"按钮，在弹出的"属性"任务窗格中设置该控件的 LinkedCell 属性为"B30"，如图 12-11 所示。输入的姓名将保存在单元格 B30 中。

图 12-10　设置"学号"文本框属性

图 12-11　设置"姓名"文本框属性

d. 在 D4 单元格中输入"类别:",在工作表中插入一个"组合框(窗体控件)"控件,用来选择学生类别,右击该控件,在弹出的菜单中选择"设置控件格式"命令,设置该控件属性,如图 12-12 所示。

② 设计"计算机现有操作水平"部分。

a. 插入 1 个控件上方文字为"Windows 操作"的分组框,然后分别选中分组框并向其中插入 3 个"选项按钮(窗体控件)",分别设置为"会"、"会一点"、"不会",右击其中 1 个"选项按钮"控件,在弹出的菜单中选择"设置控件格式"命令,弹出"设置控件格式"对话框,并设置选项按钮组的"单元格链接"为"$A$31",如图 12-13 所示。

图 12-12　设置"类别"组合框属性

图 12-13　设置选项按钮组的"单元格链接"

b. 用同样的方法,添加"Word 操作"、"Excel 操作"、"PowerPoint 操作"和"上网操作"项目,在每个项目中均设置"会"、"会一点"、"不会"3 个"选项按钮"窗体控件。并将他们的单元格链接分别设置为"$B$31"、"$C$31"、"$D$31"、"$E$31"。

注意

　　在设置"会"、"会一点"、"不会"3 个"选项按钮"控件时,每次都要选中分组框,以确保 3 个控件每次只能选择其中 1 个。

③ 设计"还想学习哪些计算机知识"部分。

a. 插入一个控件上方文字为"还想学习哪些计算机知识"的分组框。

b. 在分组框中插入六个"表单控件"中的"复选框（窗体控件）"，内容分别为"大数据"、"互联网+"、"组装与维护"、"office 高级应用"、"程序设计"、"网页制作"，"单元格链接"分别设置为"\$A\$32"、"\$B\$32"、"\$C\$32"、"\$D\$32"、"\$E\$32"、"\$F\$32"。复选框若为选中状态，则其链接的单元格显示为"TRUE"，否则显示为"FALSE"。

④ 设置工作表选项。

a. 对于链接单元格区域"A30:F32"，在"设置单元格格式"对话框的"保护"选项卡中取消选中"锁定"复选框，如图 12-14 所示。

b. 将第 30～32 行隐藏。

c. 对工作表实施保护，如图 12-15 所示。

保护工作表

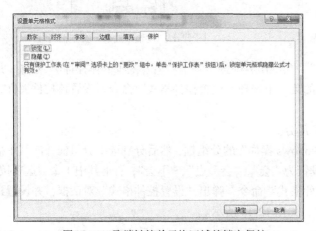

图 12-14　取消链接单元格区域的锁定保护　　　　图 12-15　保护工作表

d. 选择"文件"→"选项"命令，打开"Excel 选项"对话框。选择"高级"分类，在"此工作表的显示选项"组中取消选中"显示行和列标题"和"显示网格线"复选框，如图 12-16 所示。

图 12-16　取消显示行和列标题、网格线

至此，问卷表设计完成，效果如图 12-17 所示。

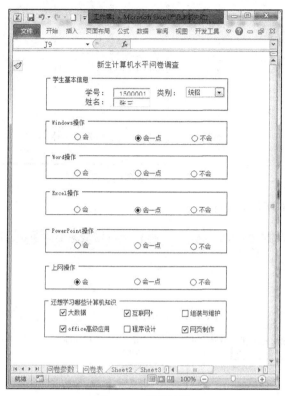

图 12-17　最终效果

（3）收集问卷表中的数据。

在设计各控件时，已将"单元格链接"设置到"问卷表"工作表的"A30:F32"单元格区域中。当某一学生完成问卷表后将得到如图 12-18 所示的数据。

	A	B	C	D	E	F	G	H
30	15000001	张三		1				
31	1	2	3	2	1			
32	TRUE	FALSE	TRUE	TRUE	FALSE	FALSE		
33								
34								

图 12-18　问卷调查数据

下面以调查问卷表中的"计算机现有操作水平"部分为例，介绍制作数据统计表，这部分数据在每张问卷表的"A31:E31"单元格区域中。

收集所有问卷表的"计算机现有操作水平"部分数据后，保存在"数据收集"工作表中，如图 12-19 所示。

（4）制作统计表。

对调查得到的原始数据进行统计，在 B2 单元格中输入公式"=COUNTIF（数据收集!A\$2：A\$17，1）/COUNT（数据收集!A\$2:A\$17）"，复制到"B2:F2"单元格区域各单元格中，即可得到"会"的比例。

类似，可得到"会一点"、"不会"的比例。

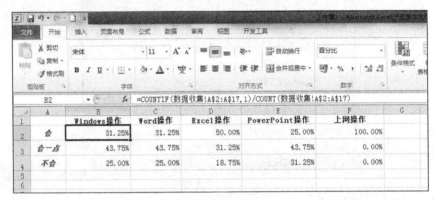

	A	B	C	D	E	F
1	Windows操作	Word操作	Excel操作	PowerPoint操作	上网操作	
2	2	1	2	2	1	
3	2	2	1	1	1	
4	1	3	1	3	1	
5	3	2	2	3	1	
6	1	1	2	2	1	
7	2	1	1	3	1	
8	2	2	2	3	1	
9	3	2	1	2	1	
10	1	3	3	1	1	
11	2	2	2	2	1	
12	1	3	1	1	1	
13	3	2	31	3	1	
14	2	1	1	3	1	
15	3	1	2	2	1	
16	2	2	1	3	1	
17	1	3	3	2	1	
18						
19						

图 12-19　收集的数据

最终得到如图 12-20 所示的统计表。

B2 函数：=COUNTIF(数据收集!A$2:A$17,1)/COUNT(数据收集!A$2:A$17)

	A	B	C	D	E	F	G
1		Windows操作	Word操作	Excel操作	PowerPoint操作	上网操作	
2	会	31.25%	31.25%	50.00%	25.00%	100.00%	
3	会一点	43.75%	43.75%	31.25%	43.75%	0.00%	
4	不会	25.00%	25.00%	18.75%	31.25%	0.00%	
5							
6							

图 12-20　统计表

三、上机练习

上机练习 1

打开"题库\模块十二\练习\上机练习 1.xlsx"，按以下要求完成操作。

（1）在工作表"商品信息"的"商品销售清单"中，利用函数 VLOOKUP 获取每种商品的价格并填入表中，并计算出销售金额。

（2）在工作表"企业信息"中，对"办公用品领取表"插入控件，使得"部门名称"和"领取用品"两列的输入可以通过下拉列表选取而不需要手工输入。

（3）在工作表"学生信息"中，根据"2014-2015 学年下学期校外比赛获奖名单"，用函数 IF、COUNTIF 填写"学生综合测评表"的"其他加分项"一栏，如果有校外获奖，则加 10 分，否则加 0 分。

上机练习 2

打开"题库\模块十二\练习\上机练习 2.xlsx"，按以下要求完成操作。

（1）将 Sheet1 命名为"员工年假表"，对其格式进行设置，效果如图 12-21 所示。

（2）冻结"员工年假表"的前 2 行标题和表头，以方便查看数据。

（3）计算工龄（用 DATEDIF、VLOOKUP、DATE 三个函数进行计算）。

（4）计算年假天数。

	A	B	C	D	E	F	G
1			员工年假表				
2	员工编号	姓名	所属部门	性别	何时加入公司	工龄	年假
3	00001	陈芳	生产部	男	2000年12月		
4	00002	崔程	广告部	男	2002年1月		
5	00003	邓良文	广告部	女	2006年7月		
6	00004	樊峰勇	市场部	女	2000年12月		
7	00005	胡昊	广告部	男	2010年3月		
8	00006	胡三柳	生产部	男	2002年1月		
9	00007	胡文涵	生产部	男	2011年10月		
10	00008	黄嘉俊	市场部	女	2000年12月		
11	00009	赖胜晖	技术部	女	2011年4月		
12	00010	李志阳	技术部	男	2002年1月		
13	00011	凌勇	市场部	女	2013年7月		
14	00012	刘风云	行政部	男	2010年3月		
15	00013	刘伟	行政部	男	2000年12月		
16	00014	刘翔	技术部	男	2012年8月		
17	00015	刘振博	技术部	女	2000年12月		
18	00016	潘路宏	技术部	女	2011年10月		
19	00017	阮子鹏	技术部	女	2002年1月		
20	00018	万洋	广告部	男	2003年5月		

图 12-21　上机练习 2 "员工年假表"效果

说明：根据公司年假制度，工龄在 1 年或 1 年以上开始享有年假，工龄小于 3 年者，年假为 7 天，工龄达到 3 年的，工龄每增加 1 年，年假增加 1 天。

（5）将 Sheet2 命名为 "2015 年 9 月考勤表"，向右拖动单元格 E1 的填充柄填充后续单元格，并选择 "以工作日填充"，自动生成 9 月的所有工作日（去掉星期六和星期日），并将日期格式显示为 "×日" 的形式。

（6）将 "2015 年 9 月考勤表" 每一行变成两行（用录制宏的方法实现），形成如图 12-22 所示的样式。

	A	B	C	D
1	员工编号	姓名	所属部门	日期
2	1	陈芳	生产部	上班
3				下班

图 12-22　上机练习 2 "2015 年 9 月考勤表"样式

（7）将 Sheet3 中的数据复制到这个表。

（8）统计 9 月份每位员工的考勤，包括迟到次数、早退次数、旷工次数、病假次数和事假次数。

说明：

上午 9 点以后上班算迟到，10 点以后上班算旷工；下午 6 点以前下班算早退，5 点以前下班算旷工。

模块十三

PowerPoint 2010（一）

一、实训内容

1. 用模板快速制作演示文稿
2. 在幻灯片中插入艺术字、图片、自选图形、声音等对象

二、操作实例

实例Ⅰ：创建一个简单的演示文稿

1. 操作要求

（1）启动 PowerPoint，选择"样本模板"命令。

（2）在"样本模板"中，创建"古典型相册"。

（3）用"普通视图""幻灯片浏览""阅读视图"三种方式浏览演示文稿。

（4）用"幻灯片放映"中的"从头开始"和"从当前幻灯片开始"按钮放映幻灯片。

（5）保存演示文稿。

2. 具体操作步骤

（1）单击"文件"选项卡 → "新建" → "样本模板"命令，如图 13-1 所示。

（2）在"样本模板"中选择"古典型相册"，单击"创建"按钮，如图 13-2 所示。

图 13-1　使用 PowerPoint 自带模板创建演示文稿

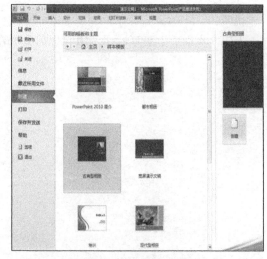

图 13-2　创建"古典型相册"的演示文稿

（3）用"普通视图""幻灯片浏览""阅读视图"三种方式浏览演示文稿，如图 13-3～图 13-5 所示。

图 13-3 按"普通视图"方式浏览幻灯片

图 13-4 按"幻灯片浏览方式"浏览幻灯片

（4）单击"幻灯片放映"选项卡→"从头开始"按钮，或"从当前幻灯片开始"按钮，浏览演示文稿，如图 13-6 所示。

（5）单击"文件"选项卡→"保存"，保存演示文稿。

实例Ⅱ：编辑演示文稿对象——江西工贸学院欢迎您（一）

1．操作要求

（1）创建演示文稿，将"标题幻灯片"更改为"空白"版式的幻灯片。设置艺术字"江西工贸学院欢迎您"，样式为"填充-橙色，强调文字颜色 6，轮廓-强调文字颜色 6，发光-强调文字颜色 6"。以"素材"中"封面"图片作为背景。

（2）插入第二张幻灯片，版式为"标题和内容"，在标题区中输入"目录"，在内容区输入相应文字，将幻灯片设置为"流畅"主题。利用幻灯片母版功能为每一张幻灯片的左下角添加"江西工贸学院"的字样。

图 13-5　按"阅读视图"方式浏览幻灯片

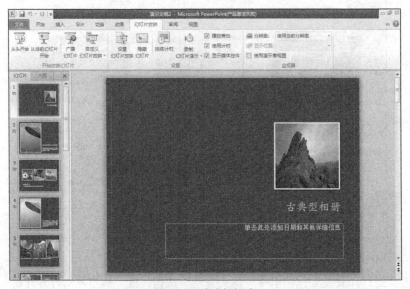

图 13-6　放映幻灯片

（3）插入第三张幻灯片，版式为"两栏内容"，在标题区输入"学院简介"，在左侧内容区输入相应文字，右侧内容区插入图片"风景"。

（4）插入第四张幻灯片，版式为"标题和内容"；在标题区输入"专业设置"，在内容区插入一个表格，并输入相应内容。

（5）插入第五张幻灯片，版式为"标题和内容"；在标题区输入"快速发展"，在内容区插入一个 SmartArt 图形，并输入相应内容。

（6）插入第六张幻灯片，版式为"标题和内容"；在标题区输入"就业成果"，在内容区插入一个图表，并输入相应内容。

（7）插入第七张幻灯片，版式为"标题和内容"；在标题区输入"学子风采"，在内容区插入视频。

（8）在演示文稿中插入音频。

（9）用"江西工贸学院欢迎您"为文件名保存演示文稿。

2. 具体操作步骤

（1）启动 PowerPoint，单击"开始"选项卡 → "幻灯片"选项组 → "版式"，在下拉列表中单击"空白"版式，如图 13-7 所示。单击"插入"选项卡 → "文本"选项组 → "艺术字"命令，选择样式，输入文字，并拖至恰当位置，如图 13-8 所示。单击"设计"选项卡 → "背景"选项组右下角的箭头，在弹出的"设置背景格式"对话框的"填充"选项中选择"图片或纹理填充"，将"素材"文件夹中的图片"封面"作为幻灯片的背景，如图 13-9 所示。

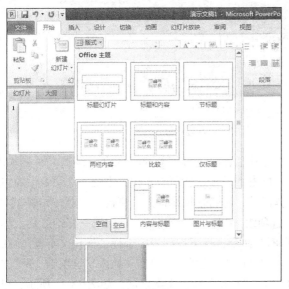

制作并使用幻灯片母版

图 13-7 修改版式

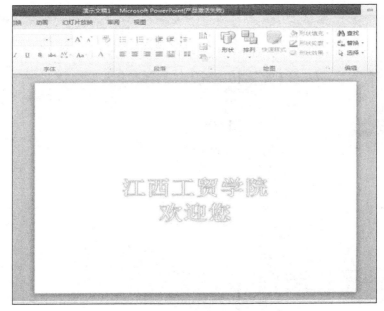

图 13-8 设置艺术字

图 13-9　设置背景

（2）单击"开始"选项卡 → "幻灯片"选项组 → "新建幻灯片"，选择"标题和内容"版式，在标题区和内容区输入相应的文字，单击"设计"选项卡，在"主题"选项组中的主题库里右击"流畅"主题，选择"应用于选定幻灯片"，将幻灯片设置为"流畅"主题，如图 13-10 所示。单击"视图"选项卡 → "母版视图"选项组 → "幻灯片母版"，选中第一张幻灯片，单击"插入"选项卡 → "文本"选项组 → "文本框"命令，在下拉列表中选择"横排文本框"，在幻灯片左下角绘制一个文本框，在文本框中输入"江西工贸学院"，单击"插入"选项卡 → "图像"选项组 → "图片，"将"素材"文件夹中的图片"校徽"插入文本框前，如图 13-11 所示，单击"幻灯片母版"选项卡 → "关闭"选项组 → "关闭母版视图"按钮，效果如图 13-12 所示。

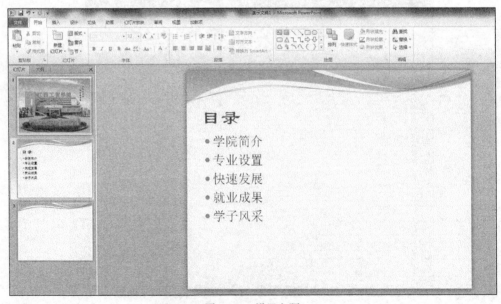

图 13-10　设置主题

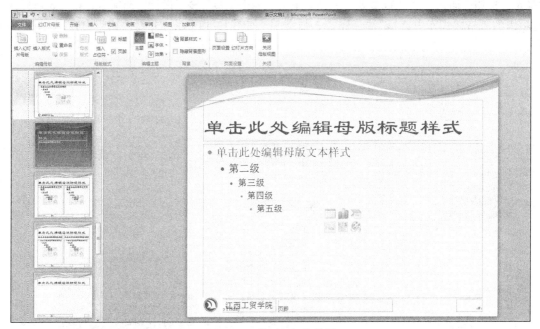

图 13-11　设置幻灯片母版

（3）单击"开始"选项卡 → "幻灯片"选项组 → "新建幻灯片"，选择"两栏内容"版式，在标题区和左侧内容区输入相应的文字，在右侧内容区单击"插入来自文件的图片"按钮，在弹出窗口中选择要插入的图片文件——"素材"文件夹中的图片"风景"，插入到幻灯片的右侧内容区，并适当调整图片的大小和位置，如图 13-13 所示。

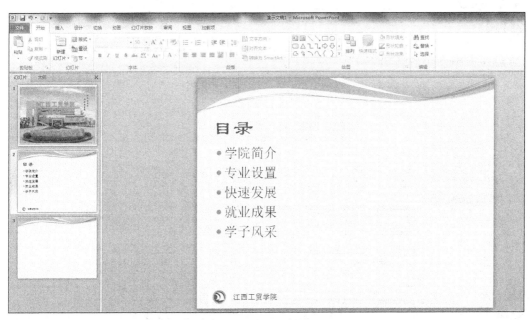

图 13-12　幻灯片母版效果图

（4）单击"开始"选项卡 → "幻灯片"选项组 → "新建幻灯片"，选择"标题和内容"版式，在标题区输入文字，在内容区单击"插入表格"按钮，在弹出窗口中输入列、行数，单击

"确定"按钮,插入一个 7 行 2 列的表格。单击"表格工具"→"设计"选项卡,在"表格样式"选项组的表格样式库中选择"浅色样式 3-强调 3",如图 13-14 所示,并输入相应内容,如图 13-15 所示。

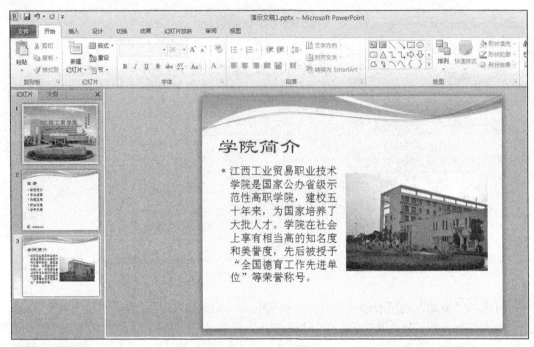

图 13-13　插入图片

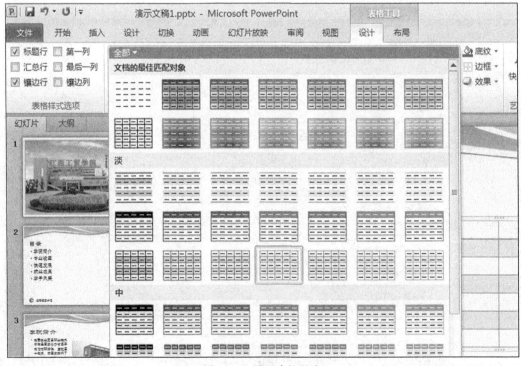

图 13-14　设置表格样式

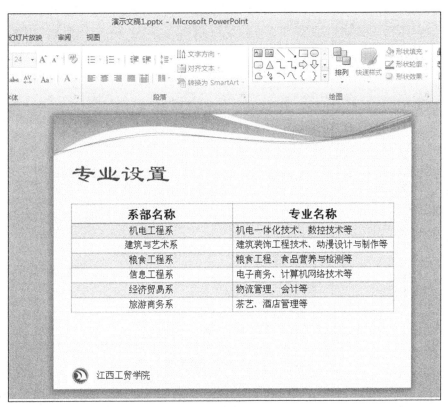

图 13-15　插入表格

（5）单击"开始"选项卡 → "幻灯片"选项组 → "新建幻灯片"，选择"标题和内容"版式，在标题区输入文字，在内容区单击"插入 SmartArt 图形"按钮，在弹出窗口中选择"流程"组中的"向上箭头"，如图 13-16 所示，单击"确定"按钮，在文字编辑窗口中输入文本，如图 13-17 所示。单击"SmartArt 工具" → "设计"选项卡，在"SmartArt 样式"选项组的 SmartArt 样式库中选择"卡通"样式，单击"SmartArt 样式选项组 → 更改颜色"，选择合适的配色方案，如图 13-18 所示。

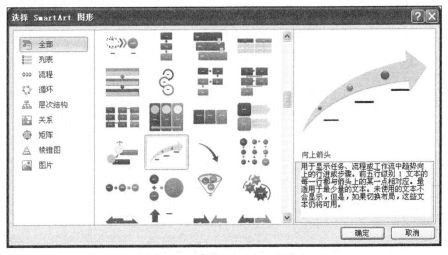

图 13-16　选择 SmartArt 图形

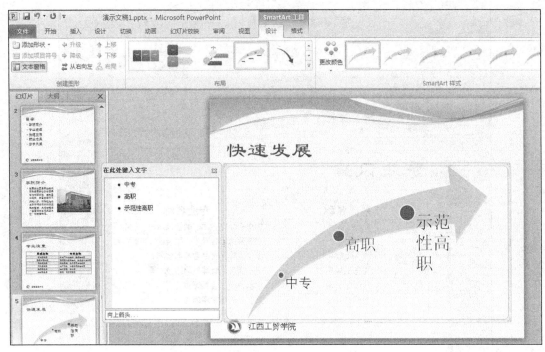

图 13-17　在 SmartArt 图形中输入文字

（6）单击"开始"选项卡 → "幻灯片"选项组 → "新建幻灯片"，选择"标题和内容"版式，在标题区输入文字，内容区单击"插入图表"按钮，在弹出窗口中选择"簇状柱形图"，单击"确定"按钮，在弹出的 Excel 表格中输入数据，其中类别名将成为柱形图横坐标，系列名将成为柱形图纵坐标，确保数据区域蓝色线内包含所有数据，如图 13-19 所示。完成后的效果如图 13-20 所示。

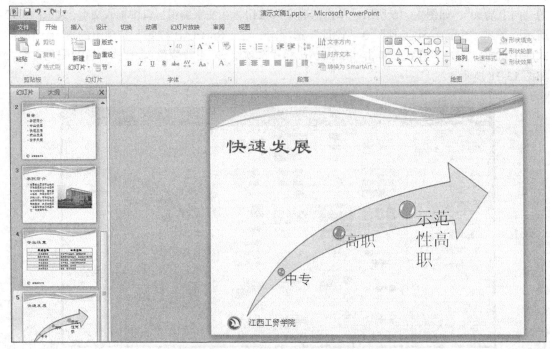

图 13-18　更改 SmartArt 图形样式和颜色后效果

插入媒体文件

图 13-19　输入图表数据

（7）单击"开始"选项卡 → "幻灯片"选项组 → "新建幻灯片"，选择"标题和内容"版式，在标题区输入文字，单击"插入"选项卡 → "媒体"选项组 → "视频" → "文件中的视频"，在"插入视频文件"对话框中选择"素材"文件夹，选中视频文件"创意影片"，单击"插入"按钮，效果如图 13-21 所示。

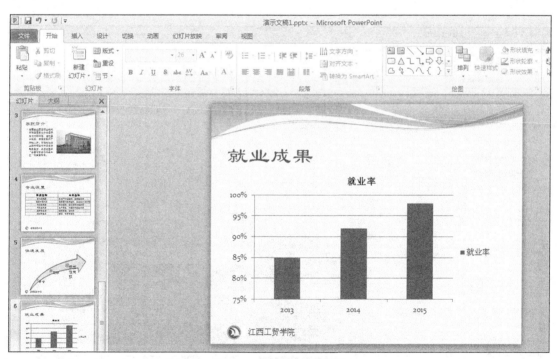

图 13-20　插入图表后效果

（8）选中第一张幻灯片，单击"插入"选项卡 → "媒体"选项组 → "音频" → "文件中的音频"，在"插入音频"对话框中选择"素材"文件夹，选中音乐文件"背景音乐"，单击"插入"按钮，效果如图 13-22 所示。

图 13-21　插入视频后效果

图 13-22　插入音频后效果

（9）用"江西工贸学院欢迎您"为文件名保存演示文稿，最终效果如图 13-23 所示。

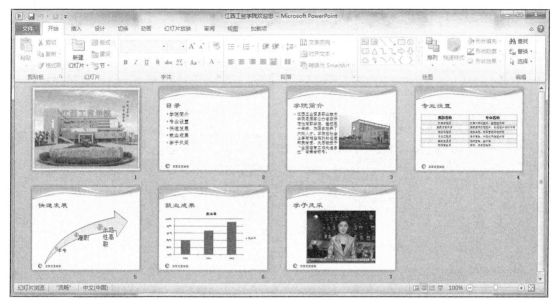

图 13-23　"江西工贸学院欢迎您"演示文稿

实例Ⅲ：按要求修改制作演示文稿

1．操作要求

（1）在第一张幻灯片前插入版式为"两栏内容"的新幻灯片，并将图片"ppt1.jpg"放在第一张幻灯片的右侧内容区；

（2）将第二张幻灯片的文本移入第一张幻灯片左侧内容区，标题键入"畅想无线城市的生活便捷"；

（3）将第二张幻灯片版式改为"比较"，将第三张幻灯片的第二段文本移入第二张幻灯片左侧内容区，将图片"ppt2.jpg"放在第二张幻灯片右侧内容区；

（4）将第三张幻灯片版式改为"垂直排列标题与文本"；

（5）第四张幻灯片的副标题为"福建无线城市群"，背景设置为"水滴"纹理；

（6）使第四张幻灯片变成第一张幻灯片；

（7）保存制作好的演示文稿。

2．操作步骤

（1）先准备好要修改的演示文稿、相应文字资料、图片等素材。

（2）打开"题库\模块十三\例题\操作实例三"中的"cztt.pptx"，将插入点移到第一张幻灯片前，如图 13-24 所示。单击"开始"选项卡→"幻灯片"选项组中的"新建幻灯片"按钮下面的下拉按钮，在展开的列表库中单击"两栏内容"版式，在第一张幻灯片前插入版式为"两栏内容"的新幻灯片，如图 13-25 所示。

（3）单击左侧内容区，然后单击"插入"选项卡 → "图像"选项组中的"图片"按钮，弹出"插入图片"对话框，在对话框中左侧的文件夹列表中选择"实训题库\模块十三\例题"目录下的"操作实例三"，选取文件列表中的图像文件"ppt1.jpg"，再单击"插入"按钮，完成图片的插入。切换到第二张幻灯片，选择文本，单击"开始"选项卡 → "剪贴板"选项组中的"剪切"按钮。切换到第一张幻灯片，单击右侧内容区，然后单击"开始"选项卡→"剪贴板"选项组中的"粘贴"按钮，完成文本的移动。单击标题，键入"畅想无线城市的生活便捷",如图 13-26 所示。

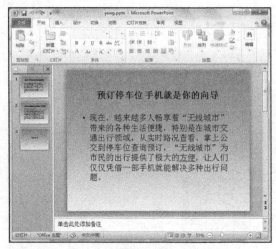

图 13-24　要修改的演示文稿

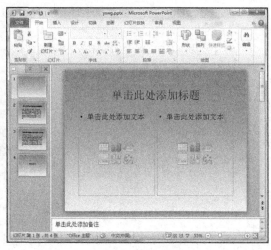

图 13-25　插入的新幻灯片

（4）切换到第二张幻灯片，单击"开始"选项卡 → "幻灯片"选项组中的"幻灯片版式"按钮，在展开的列表库中单击"比较"版式，即将第二张幻灯片版式改为"比较"，如图 13-27 所示。

图 13-26　图片插入与文本的移动及输入

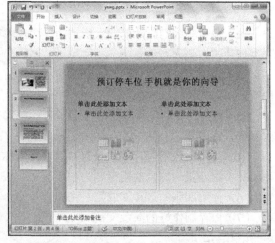

图 13-27　将第二张幻灯片版式改为"比较"

（5）切换到第三张幻灯片，选择第二段文本，单击"开始"选项卡 → "剪贴板"选项组中的"剪切"按钮。切换到第二张幻灯片，单击左侧内容区，然后单击"开始"选项卡 → "剪贴板"选项组中的"粘贴"按钮，完成文本的移动。按步骤（3），将"实训题库\模块十三\例题\操作实例三"目录下的图片"ppt2.jpg"插入到右侧内容区，如图 13-28 所示。

（6）按步骤（4），将第三张幻灯片版式改为"垂直排列标题与文本"，如图 13-29 所示。

（7）切换到第四张幻灯片，输入副标题"福建无线城市群"。单击"设计"选项卡 → "背景"选项组中的"背景样式"按钮，再单击"设置背景格式"，打开"设置背景格式"对话框，如图 13-30 所示。在对话框中，先选择"填充"组中的"图片或纹理填充"，再将纹理设置为"水滴"，关闭对话框完成背景设置，如图 13-31 所示。

（8）用鼠标拖放，使第四张幻灯片变成第一张幻灯片，如图 13-32 所示。

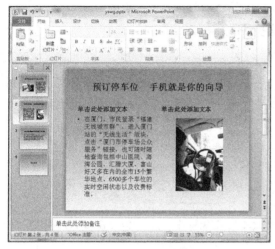

图 13-28　文本的移动与图片插入　　　　　　　　图 13-29　第三张幻灯片版式更改

（9）用"修改后 cztt.pptx"为文件名保存演示文稿。

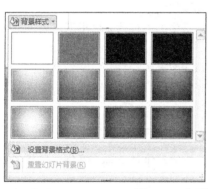

图 13-30　打开"设置背景格式"对话框

图 13-31　完成"水滴"背景设置　　　　　　　　图 13-32　幻灯片移动

三、上机练习

上机练习1

假设你是新世界数码技术有限公司的人事专员，十一过后，公司招聘了一批新员工，需要对他们进行入职培训，培训内容应包括公司概况、组织架构、公司制度、福利待遇、员工守则等。制作要求如下。

（1）在第一张幻灯片上建立演示文稿的主题。

（2）第二张幻灯片为内容提要，版式为"标题和竖排文字"。

（3）在后面的幻灯片中就培训内容进行适当扩展，要求有文字、表格、SmartArt 图形和图片。

（4）为整个演示文稿指定一个恰当的主题。

（5）通过幻灯片母版为每张幻灯片增加利用艺术字制作的文字，文字为"新世界数码"。

（6）全部幻灯片不少于 3 种版式。

（7）把演示文稿保存为"入职培训.pptx"。

上机练习2

利用"题库\模块十三\练习\上机练习二"中给定的模板"苹果 PPT 模板"快速创建公司宣传演示文稿，制作要求如下。

（1）以宣传某一公司为主题设计一个演示文稿，其内容包括标题、公司简介、公司人事结构图、公司业务范围、公司近几年的主要业绩及公司的发展规划等。

（2）在包含上述内容的基础上自行发挥，可以将模板中的幻灯片顺序根据需要进行调整，可删除不需要的幻灯片，但要保证幻灯片的张数在 8 张以上。

（3）适当使用艺术字、图片、图表、表格、SmartArt 图形等。

（4）在幻灯片中适当使用动画、声音、影片等多媒体对象，以烘托主题，渲染气氛。

（5）最后把演示文稿保存为"公司宣传.pptx"文件。

上机练习3

根据"题库\模块十三\练习\上机练习三"提供的"沙尘暴简介.docx"文件，制作名为"沙尘暴.pptx"的演示文稿，具体要求如下。

（1）幻灯片不少于 6 页，选择恰当的版式并且版式要有一定的变化，6 页至少要有 3 种版式。

（2）有演示主题，有标题页和目录页，在第一页上要有艺术字形式的"爱护环境"字样。选择一个主题应用于所有幻灯片。

（3）利用文档制作的幻灯片要灵活运用文字、图片、SmartArt 图形。

（4）要有 2 个以上的超链接进行幻灯片之间的跳转。

（5）后面的幻灯片要分别用动作按钮通过链接返回到目录幻灯片。

（6）在演示的时候要全程配有背景音乐并自动播放。

（7）将制作完成的演示文稿以"沙尘暴简介.pptx"为文件名进行保存。

上机练习4

建立演示文稿"回乡偶书"，制作要求如下。

（1）插入的第一张幻灯片版式为只有标题，第二张幻灯片版式为有标题和文本，第三张幻灯片版式为垂直排列标题和文本，第四张幻灯片版式为有标题和文本，输入文本如图 13-33 所示。

（2）在第一张幻灯片上插入自选图形（"星与旗帜"下的"横卷形"），输入文字如图 13-33

（a）所示。

（3）设置所有幻灯片的背景为褐色大理石。

（4）将幻灯片的配色方案设为标题为白色，文本和线条为黄色。

（5）将母版标题格式设为宋体，44磅，加粗。

（6）设置内容格式为华文细黑，32磅，加粗，行距为2行，项目符号为"⌘"（"Windings"字符集中），项目符号颜色为橙色。

（7）在母版的左下角插入剪贴画（"宗教"-"佛教"）如图13-33所示。

（a）第一张幻灯片

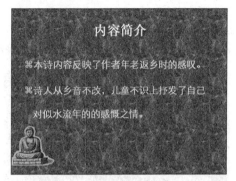

（b）第二张幻灯片

（c）第三张幻灯片

（d）第四张幻灯片

图13-33 "回乡偶书"演示文稿

上机练习5

按照下列要求完成对"题库\模块十三\练习\上机练习五"中演示文稿"cztt.pptx"的修饰并保存。

（1）使用"元素"主题修饰全文，全部幻灯片效果切换为"碎片"，效果选项为"粒子输出"；

（2）在第一张幻灯片前插入一张版式为"标题幻灯片"的新幻灯片，主标题输入"公共交通工具逃生指南"，并设置为"黑体"，53磅字，黄色（RGB颜色模式：240，250，0），副标题输入"专家建议"，并设置为"楷体"，27磅。

（3）将第二张幻灯片的版式改为"两栏内容"，并将图片文件"ppt1.jpg"插入右侧内容区，标题区输入"缺乏安全出行基本常识"。

上机练习6

按照下列要求完成"高等职业学校学生资助卡使用说明.pptx"演示文稿的制作并保存，如图13-34所示。

（1）第一张幻灯片的版式为"标题幻灯片"，分别输入标题和副标题文本，如图13-34（a）所示。

（2）第二张幻灯片的版式为"标题和内容"，分别输入标题和文本，如图13-34（b）所示。

（3）利用母版功能，在每页幻灯片的底部中间添加文字"高职生资助政策系列"。

（4）为所有幻灯片应用"凤舞九天"主题。

（5）插入第三页幻灯片，版式为"标题和内容"，在标题区输入"开户流程"，在内容区域插入相应的 SmartArt 图形，如图 13-34（c）所示。

（6）插入第四页幻灯片，版式为"标题和内容"，输入标题，在内容区域插入相应的表格，并利用表格数据，在表格下方制作对应的条形图，如图 13-34（d）所示。

（7）在第二页幻灯片右下角插入"前一张"、"后一张"动作按钮，并将它们复制到第三页和第四页幻灯片中。

（8）插入第五页幻灯片，版式为"空白"，插入艺术字"谢谢！"，如图 13-34（e）所示。

（9）将演示文稿保存为"高等职业学校学生资助卡使用说明.pptx"。

（a）第一张幻灯片

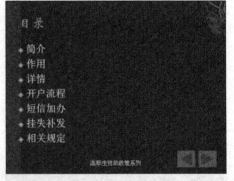

（b）第二张幻灯片

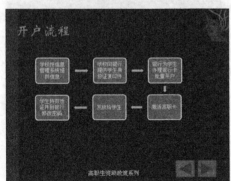

（c）第三张幻灯片

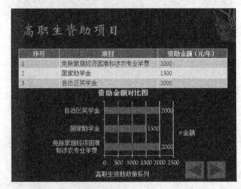

（d）第四张幻灯片

（e）第五张幻灯片

图 13-34 "高等职业学校学生资助卡使用说明"演示文稿

一、实训内容

1. 幻灯片的编辑、演示文稿效果设定
2. 给幻灯片中的文字、图片等对象设置动画效果
3. 超链接技术和动作应用

二、操作实例

实例Ⅰ：江西工贸学院欢迎您（二）

1. 操作要求

给模块十三中的"江西工贸学院欢迎您（一）"中创建的演示文稿的各个对象设置动画效果，使用动作按钮和超链接，可以实现幻灯片之间、幻灯片与其他文件之间的灵活跳转，实现幻灯片的交互功能。

（1）将"江西工贸学院欢迎您"演示文稿第一页的艺术字"江西工贸学院欢迎您"设置为"形状"效果动画，效果选项中方向为"缩小"，形状为"加号"。

（2）将演示文稿全部幻灯片的切换效果设置为"随机线条"。

（3）给演示文稿的第二页幻灯片设置超链接，使文本"学院简介"链接到第三页幻灯片，文本"专业设置"链接到第四页幻灯片，以此类推。

（4）给演示文稿的最后一页幻灯片创建一个返回第一页幻灯片的动作。

（5）设置演示文稿的放映方式为"观众自行浏览"。

（6）打印演示文稿。

（7）保存演示文稿。

设置幻灯片切换动画

2. 具体操作步骤

（1）启动 PowerPoint 2010，打开"题库\模块十三\例题\操作实例一"中的"江西工贸学院欢迎您"，选择第一张幻灯片，选中艺术字，单击"动画"选项卡 → "动画"选项组 → "其他"，在弹出的窗口中选择"进入"中的"形状"动画，如图 14-1 所示。单击"效果选项"按钮，设置"方向"为"缩小"，"形状"为"加号"，如图 14-2 所示。

设置幻灯片动画效果

（2）选中第一张幻灯片，单击"切换"选项卡 → "切换到此幻灯片"选项组 → "其他"，选中"随机线条"切换效果，并单击"全部应用"，如图 14-3 所示。

创建超链接与
动作按钮

（3）选择第二张幻灯片，选中文字"学院简介"，单击"插入"选项卡 → "链接"选项组 → "超链接"按钮，在弹出的"插入超链接"对话框中选择链接到"本文档中的位置"，选中第三张幻灯片，单击"确定"按钮，如图 14-4 所示。用同样的方法设置其他文本的超链接。

图 14-1　设置"形状"动画

图 14-2　设置效果选项

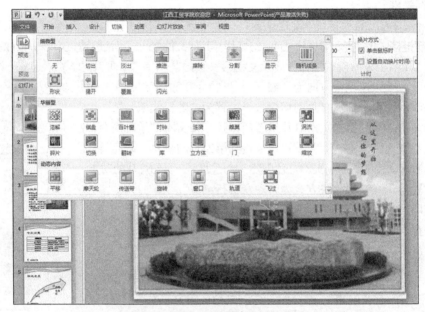

图 14-3　设置"随机线条"切换效果

图 14-4　设置"学院简介"超链接

（4）选择最后一页幻灯片，单击"插入"选项卡 → "插图"选项组 → "形状"按钮，在弹出的界面选择"动作按钮：第一张"，如图 14-5 所示。在幻灯片的合适位置绘制出一个动作按钮，在弹出的"动作设置"对话框中选择超链接到"第一张幻灯片"，单击"确定"按钮，如图 14-6 所示。

图 14-5　插入动作按钮

（5）单击"幻灯片放映"选项卡 → "设置"选项组 → "设置幻灯片放映"，在弹出的窗口中选择"放映类型"为"观众自行浏览（窗口）"，如图 14-7 所示。

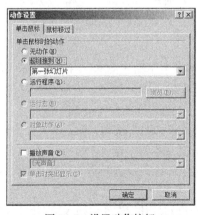

图 14-6　设置动作按钮

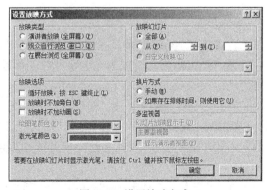

图 14-7　设置放映方式

（6）单击"文件"选项卡 → "打印"命令，单击"设置"组中的第 2 个下拉按钮，在"讲义"中选择"9 张水平放置的幻灯片"，单击"打印"按钮，如图 14-8 所示。

图 14-8　打印演示文稿

（7）保存制作好的演示文稿。

实例Ⅱ：幻灯片的动画和超链接技术应用

1. 操作要求

（1）在制作的标题幻灯片 1 中，插入艺术字；

（2）用"标题和内容"幻灯片版式，制作标题为"简历"，内容为"基本情况"、"成绩表"的幻灯片 2；

（3）用"两栏内容"幻灯片版式，制作详细的"基本情况" 幻灯片 3；

（4）用"标题和内容"幻灯片版式，制作详细的"成绩表" 幻灯片 4；

（5）创建幻灯片 2 中的文字"基本情况"与"成绩表"分别到"幻灯片 3"和"幻灯片 4"的超链接。

2. 操作步骤

（1）启动 PowerPoint 2010。在标题幻灯片的主标题文本框中不输入文本，用插入艺术字的方法将主标题"个人简历"设置为艺术字。在副标题文本框中输入本人姓名，设置图片背景，如图 14-9 所示。

（2）单击"开始"选项卡 → "幻灯片"选项组中的"新建幻灯片"按钮，插入第二张幻灯片，在幻灯片版式中选取"标题和内容"幻灯片，在幻灯片的标题文本框中输入"简历"，在内容文本框中输入本文"基本情况"、"成绩表"。设置图片背景，并将字体统一设置为华文行楷，如图 14-10 所示。

（3）单击"开始"选项卡 → "幻灯片"选项组中的"新建幻灯片"按钮，插入第三张幻灯片，在幻灯片版式中选取"两栏内容"版式。在标题文本框中输入"基本情况"，在左侧内容区文本框中输入个人基本情况的内容，如姓名、年龄、性别、民族、电话、地址等。在右侧内容区文本框中插入一幅剪贴画，设置幻灯片的背景样式为"样式 2"，如图 14-11 所示。

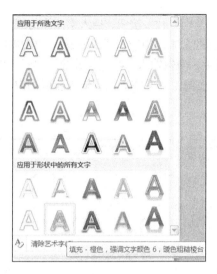

图 14-9　标题幻灯片

图 14-10　插入"标题和内容"版式的新幻灯片

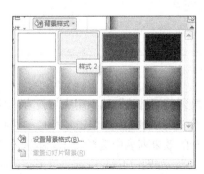
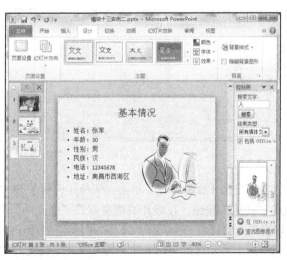

图 14-11　"基本情况"幻灯片

（4）单击"开始"选项卡 → "幻灯片"选项组中的"新建幻灯片"按钮，插入第四张幻灯片，在幻灯片版式中选取"标题和内容"版式。在新幻灯片的标题文本框中输入"成绩表"，单击内容区中的"插入表格"按钮，在弹出的"插入表格"对话框中，列数输入"4"，行数输入"6"，再单击"确定"即插入一个表格，表格样式选择"浅色样式 2-强调 1"，并在表格中输入相应的内容，设置背景，如图 14-12 所示。

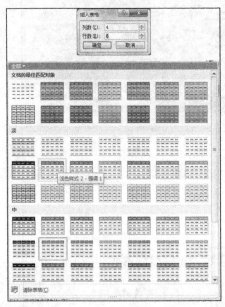
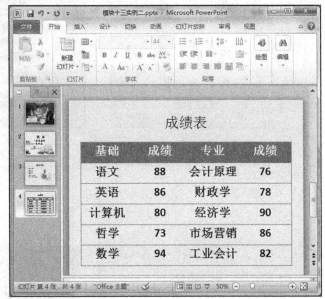

图 14-12 "成绩表"幻灯片

（5）选定第 2 张幻灯片中目录中的"基本情况"，单击"插入"选项卡→"链接"选项组中的"超链接"按钮，在出现的"插入超链接"对话框中选择链接到"本文档中的位置"，在"请选择文档中的位置"列表中选择要链接的"基本情况"幻灯片，如图 14-13 所示，单击"确定"按钮。用同样方式为"成绩表"幻灯片建立超链接。

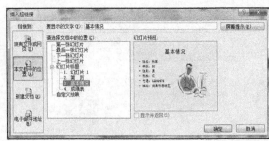
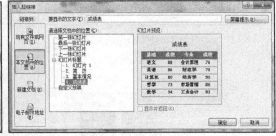

图 14-13 "插入超链接"对话框

（6）选定第 1 张幻灯片，单击"切换"选项卡 → "切换到此幻灯片"选项组中切换方式列表右边的"其他"按钮，在展开的切换方式"细微型"列表中选择"擦除"。单击"切换"选项卡 → "切换到此幻灯片"选项组中的"效果选项"按钮，在展开的效果列表中选择"自顶部"。在"计时"选项组中将幻灯片切换方式"持续时间"设置为"03.00"，如图 14-14 所示。单击"计时"选项组中的"全部应用"，即可为后 3 张幻灯片设置相同的切换效果。

图 14-14　幻灯片切换方式列表、效果列表和"计时"选项组

（7）选定第 1 张幻灯片，单击"动画"选项卡"，在其中设置幻灯片对象的动画效果。将艺术字的动画和声音设置为"进入"中的"回旋"与"鼓掌"，如图 14-15 所示。将文本的动画和声音设置为"飞入"与"鼓掌"，如图 14-16 所示。第 1 张幻灯片最后的动画效果如图 14-17 所示。用同样方式为后 3 张幻灯片设置相应的动画效果。

图 14-15　艺术字的动画和声音设置

图 14-16　文本的动画和声音设置

图 14-17　设置动画效果

（8）单击"幻灯片放映"选项卡 → "设置"选项组中的"设置幻灯片放映"按钮，在出现的"设置放映方式"对话框中设置放映方式，如图 14-18 所示。

（9）个人简历演示文稿制作完成，效果如图 14-19 所示。

（10）保存制作好的演示文稿。

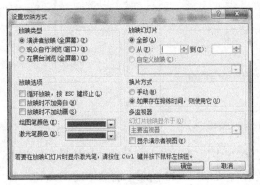

图 14-18 "设置放映方式"对话框

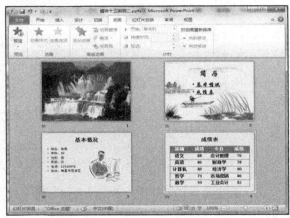

图 14-19 个人简历演示文稿制作效果

实例Ⅲ：按要求设置演示文稿

1. 操作要求

（1）使用"穿越"主题修饰全文，全部幻灯片切换方案为"擦除"，效果选项为"自左侧"；

（2）将第二张幻灯片中的文本动画设置为"波浪形"，图片动画效果设置为"轮子"，效果选项为"3 轮辐图案"，动画顺序为先文本后图片；

（3）在第一张幻灯片中设置超链接，使文本"NOKIA-3310 主要功能" 链接到第二张幻灯片，文本"公司联系方式" 链接到第四张幻灯片；

（4）保存制作好的演示文稿。

2. 操作步骤

（1）先准备好要修改的演示文稿、相应文字资料、图片等素材。

（2）打开"题库\模块十四\例题\操作实例三"中的"cztt.pptx"，如图 14-20 所示。单击"设计"选项卡 → "主题"选项组中主题列表右边的"其他"按钮，在展开的"所有主题"列表中（见图 14-21）选择"穿越"主题，完成使用"穿越"主题修饰全文，如图 14-22 所示。单击"切换"选项卡 → "切换到此幻灯片"选项组中的"其他"按钮，在展开的幻灯片切换方案列表库中单击"擦除"，再单击"效果选项"按钮，在展开的效果选项列表中选择"自左侧"，如图 14-23 所示。然后单击"计时"选项组中的"全部应用"按钮，完成全部幻灯片切换方案设置。

（3）切换到第二张幻灯片，选择文本，单

图 14-20 要设置的演示文稿

击"动画"选项卡 → "动画"选项组中的"其他"按钮，在展开的动画样式列表中选择"波浪形"。选择图片，单击"动画"选项卡 → "动画"选项组中的"其他"按钮，在展开的动画样式列表中选择"进入"中的"轮子"，再单击"效果选项"按钮，在展开的效果选项"轮辐图案"列表中选择"3 轮辐图案"，完成文本与图片动画设置，如图 14-24 与图 14-25 所示。

图 14-21 "所有主题"

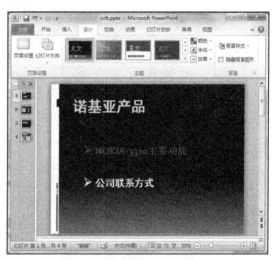

图 14-22 使用"穿越"主题修饰全文

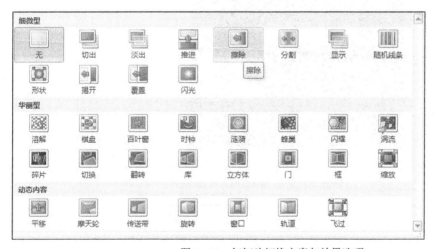

图 14-23 幻灯片切换方案与效果选项

（4）切换到第一张幻灯片，选择第一段文本"NOKIA-3310 主要功能"，单击"插入"选项卡 → "链接"选项组中的"超链接"按钮，在出现的"插入超链接"对话框中选择链接到"本文档中的位置"，在"请选择文档中的位置"列表中选择要链接的第二张幻灯片，如图 14-26 所示，单击"确定"按钮。按同样方法设置文本"公司联系方式" 链接到第四张幻灯片，如图 14-27 所示。

图 14-24　动画样式与效果选项列表

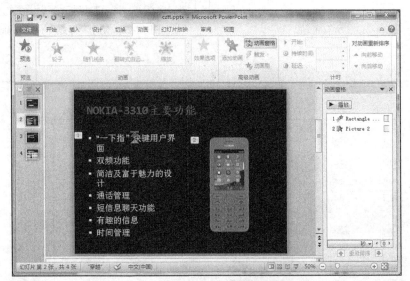

图 14-25　文本与图片动画设置

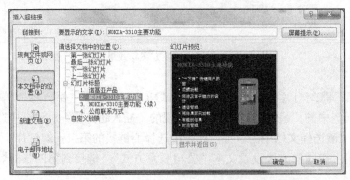

图 14-26　设置文本"NOKIA-3310 主要功能"超链接

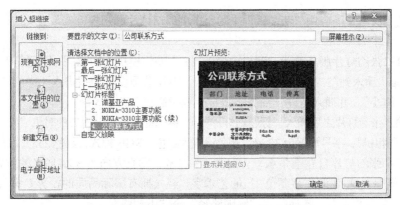

图 14-27　设置文本"公司联系方式"超链接

（5）用"设置后 cztt.pptx"为文件名保存演示文稿。

三、上机练习

上机练习 1

新建一个演示文稿文件，在演示文稿中新建一张幻灯片，选择版式为"空白"，并完成以下操作。

（1）在演示文稿中新建一张幻灯片，选择版式为"空白"，在其中插入一幅图片，对其设置动画效果为"飞入"，效果选项为"自右侧"。

（2）在第一页中插入一个垂直文本框，在其中添加文本"开始考试"，并设置其动作为单击鼠标时超链接到"下一张幻灯片"。

（3）插入一张新幻灯片，版式为"内容与标题"。设置标题为"考试"，标题字体大小为"60"，标题字形为"加粗"，标题对齐方式为"居中对齐"。

（4）在第二页幻灯片中添加文本"考试时不允许作弊，要认真做答，独立完成。"。

（5）在第二页幻灯片中右边内容区域中插入任意一幅剪贴画。

（6）保存制作好的演示文稿。

上机练习 2

新建一个演示文稿文件，文件名为"自我简介.pptx"，建立不少于 5 张幻灯片的演示文稿。制作要求如下。

（1）在第一张幻灯片上建立演示文稿的主题。

（2）第二张幻灯片为内容提要，其文本内容分别与后面的每张幻灯片建立链接关系。

（3）在后面的幻灯片中对自己进行介绍，要求有文字、表格、SmartArt 图形和图片。

（4）后面的幻灯片中要分别用按钮方式通过链接返回到第二张幻灯片。

（5）在第一张幻灯片中插入一个声音文件，可以通过单击播放音乐。

（6）为幻灯片内的对象设置不同的动画效果。

（7）为每张幻灯片之间设置不同的切换方式。

（8）把演示文稿保存为"自我简介.pptx"。

上机练习 3

按照下列要求完成对"题库\模块十四\练习\上机练习三"中演示文稿"yswg.pptx"的设置并保存。

（1）为整个演示文稿应用"新闻纸"主题，将全部幻灯片的切换方案设置为"门"，效果选项为"水平"。

（2）将第二张幻灯片版式改为"两栏内容"，将"题库\模块十四\练习\上机练习三"中的图片文件"ppt1.jpg"插入到第二张幻灯片右侧内容区，图片动画设置为"进入"中的"基本缩放"，效果选项为"缩小"，并插入备注"商务、教育专业投影机"。

（3）在第二张幻灯片之后插入"标题幻灯片"，主标题键入"买一得二的时机成熟了"，副标题键入"可获赠数码相机"，字号设置为30磅，颜色设置为红色（RGB模式：红色255，绿色0，蓝色0）。

（4）在第一张幻灯片自左上角水平方向为1.3厘米，垂直方向为8.24厘米的位置插入样式为"填充-白色，渐变轮廓-强调文字颜色1"的艺术字"轻松拥有国际品质的投影专家"，艺术字宽度为22.5厘米，文本效果为"转换"→"跟随路径"→"下弯弧"。

（5）保存制作好的演示文稿。

上机练习4

文慧是新东方学校的人力资源培训讲师，负责对新入职的教师进行入职培训，其PowerPoint演示文稿的制作水平广受好评。最近，她应北京节水展馆的邀请，为展馆制作一份宣传水知识及节水工作重要性的演示文稿。

节水展馆提供的文字资料及素材参见"题库\模块十四\练习\上机练习四"中"水资源利用与节水（素材）.docx"，制作要求如下。

（1）标题页包含演示主题、制作单位（北京节水展馆）和日期（××××年×月×日）。

（2）演示文稿须指定一个主题，幻灯片不少于5页，且版式不少于3种。

（3）演示文稿中除文字外要有2张以上的图片，并有2个以上的超链接进行幻灯片之间的跳转。

（4）动画效果要丰富，幻灯片切换效果要多样。

（5）演示文稿播放的全程需要有背景音乐。

（6）将制作完成的演示文稿以"水资源利用与节水.pptx"为文件名进行保存。

上机练习5

为了更好地控制教材编写的内容、质量和流程，小李负责起草了图书策划方案（请参考"图书策划方案.docx"文件）。他需要将图书策划方案Word文档中的内容制作为可以向教材编委会进行展示的PowerPoint演示文稿。现在，请你根据图书策划方案（请参考题库\模块十四\练习\上机练习五中的"图书策划方案.docx"文件）中的内容，按照如下要求完成演示文稿的制作。

（1）演示文稿中的内容编排，需要严格遵循Word文档中的内容顺序，并仅需要包含Word文档中应用了"标题1"、"标题2"样式的文字内容。Word文档中应用了"标题1"样式的文字，需要成为演示文稿中每页幻灯片的标题文字；Word文档中应用了"标题2"样式的文字，需要成为演示文稿中每页幻灯片的第一级文本内容。

（2）将演示文稿中的第一页幻灯片，调整为"标题幻灯片"版式。

（3）为演示文稿应用一个美观的主题样式。

（4）在标题为"2012年同类图书销售统计"的幻灯片页中，插入一个6行5列的表格，列标题分别为"图书名称"、"出版社"、"作者"、"定价"、"销售"。

（5）在标题为"新版图书创作流程示意"的幻灯片页中，将文本框中包含的流程文字利用SmartArt图形展现。

（6）全部幻灯片不少于3种版式。

（7）保存制作完成的演示文稿，命名为"图书策划方案.pptx"。